Mit dem Kleinen Salamander durchs Jahr

Das Buch für von Natur aus neugierige Kinder

Haupt Verlag

In Zusammenarbeit mit

Der Kleine Salamander
Das Magazin für von Natur aus neugierige Kinder

Die französische Originalausgabe
erschien 2013 bei Les Editions de
La Salamandre unter dem Titel
Au fil des saisons avec La Petite Salamandre

Gestaltung und Layout: Sophie Rupp, CH-Neuchâtel
Satz der deutschsprachigen Ausgabe:
Die Werkstatt, D-Göttingen
Umschlag der deutschsprachigen Ausgabe: pooldesign.ch
Aus dem Französischen übersetzt von Monika Niehaus,
D-Düsseldorf, und Coralie Wink, D-Dossenheim

Bibliografische Information der *Deutschen Nationalbibliothek*
Die Deutsche Nationalbibliothek verzeichnet diese Publikation
in der Deutschen Nationalbibliografie; detaillierte bibliografische
Daten sind im Internet über http://dnb.dnb.de abrufbar.

ISBN 978-3-258-07827-4

Printed in France

Gedruckt mit Farben auf Pflanzenbasis.

www.haupt.ch

FSC
MIX
Papier aus verantwortungsvollen Quellen
FSC® C041192

INHALT

FRÜHLING

SOMMER

HERBST

WINTER

FRÜHLING

BIBER • SCHWARZMILAN • MOLCHE

ZITTERSPINNE ODER WEBERKNECHT? • HERMELIN ODER MAUSWIESEL?

KLEINER FUCHS ODER DISTELFALTER?

Jungtiere aus dem vorigen Wurf, 1 Jahr

die Eltern, 6 und 7 Jahre

Nesthäkchen aus dem neuen Wurf, 1 Monat

24 STUNDEN BEI DEN

BIBERN

Biber legen viel Wert auf Familienleben. Im Biberbau, auch Biberburg genannt, leben drei Altersgruppen zusammen: die Eltern, die einjährigen Jungen aus dem letzten Wurf und die im Frühjahr geborenen Jungen. Wir wollen sie eine Nacht und einen Sommertag lang beobachten.

Nächtlicher Tauchgang

Biber sind vorwiegend während der Nacht aktiv, wenn sie von den Menschen nicht gestört werden. Sie kommen ins Freie, um an Zweigen zu knabbern, an ihrem Bau zu arbeiten und ihr Revier zu markieren.

Der Europäische Biber ist ein Holzfäller, der sich ausschließlich von Pflanzen ernährt; er frisst Baumrinde und -blätter. Besonders liebt er Weiden und Pappeln, doch er fällt auch Ulmen und Erlen. Seine Zähne wachsen ständig nach. Er muss sie unablässig gebrauchen, damit sie nicht zu lang werden.

Die jungen Biber feiern einen wichtigen Tag: Sie sind jetzt einen Monat alt! Und sie haben die behagliche Wärme des Baues, in dem sie zur Welt gekommen sind, bisher noch nie verlassen. An diesem Abend ist es Zeit für sie, mit der Familie auf ihren ersten Tauchgang zu gehen. Sie können 1–2 Minuten tauchen, ohne Luft zu holen.

Biberspuren

1

Unser größtes europäisches Nagetier liebt junge Weidentriebe. Wenn es sie wiederholt abweidet, wächst der Stockausschlag wie ein «Haarschopf» nach außen.

2

Angenagte Bäume, die wie ein Bleistift, eine Sanduhr oder ein K aussehen, zeigen an, dass Biber am Werk waren.

3

Über dem Belüftungsschacht des Biberbaus wird ein Hügel errichtet, damit kein Wasser ins Innere dringt. Wie ein echtes Dach!

Eltern und Jungtiere markieren die Grenzen ihres Reviers, indem sie an einer auffälligen Stelle etwas Bibergeil absetzen. Das stark riechende Sekret wird in zwei Drüsen am Hinterteil, den Geildrüsen, gebildet. Die Ansage ist klar: «Privatbesitz!»

Die Nacht bietet auch Gelegenheit, den Damm instand zu halten. Der Damm dient dazu, genügend ruhiges und tiefes Wasser aufzustauen. So können sich die Biber leichter überall in ihrem Revier bewegen. Aber nicht alle Biber bauen Dämme.

Der Zugang ist so gut versteckt, dass kein Feind eindringen kann!

Rückkehr in den Bau

Bei Morgengrauen kehrt die Familie in den Bau zurück, um sich ein wenig wohl verdiente Ruhe zu gönnen. Aber die Biber verschlafen nicht den ganzen Tag, denn es gilt, sich auch um den «Haushalt» zu kümmern.

Erschöpft von ihrem ersten Ausflug, rollen sich die Kleinen sofort zu einer Kugel zusammen, um zu schlafen. Bei den älteren Nagern wechseln sich kurze Nickerchen und «Haushaltstätigkeiten» ab. Die Streu aus fein zernagten Holzspänen wird ausgewechselt, Rinde wird von Zweigen abgenagt, das Gesicht wird geputzt.

Vom unter Wasser gelegenen Eingang führt ein Gang in eine Kammer, den Wohnkessel. In der Mitte der Kammerdecke führt ein Belüftungsschacht nach oben, der für die nötige Frischluft sorgt. Er kann unter einem Haufen Zweige versteckt sein, die eine Art Hügel bilden. Daher spricht man auch von einer Biberburg.

Mehrmals am Tag wachen die Biber auf und putzen sich. Eine sorgfältige Fellpflege ist sehr wichtig, damit der Pelz wasserdicht bleibt. Mithilfe einer speziellen Putzkralle an seinen Hinterpfoten kämmt sich der Biber und säubert seine langen Haare, die sogenannten Grannenhaare. Dabei setzt er auch seine Zähne ein und zieht Unterwolle und Grannenhaare zwischen seinen Schneidezähnen hindurch.

Für den kleinen Hunger zwischen zwei Nickerchen gibt es für die kleinen Leckermäuler eine Vorratskammer. Auf der Speisekarte stehen Erlen- oder Weidenzweige; gefressen werden die Rinde, aber auch die frischen, saftigen Blätter.

Ein geschickter Baumeister

Dadurch, dass der Biber seine Umwelt aktiv gestaltet, schafft er Lebensräume, in denen sich viele Pflanzen und Tieren wohlfühlen. Vor allem dann, wenn er einen Damm baut.

An den Ufern fällt der Biber große Bäume, was Platz für zahlreiche lichthungrige Pflanzen schafft, die im Schatten des Waldes nicht wachsen können. Dann tauchen Seggen und Rohrkolben auf, die mit den Füßen gern im Wasser stehen.

Ein Leck im Damm?
Der Biber stopft es mit Schlamm und Zweigen.

Das Moor-Wiesenvögelchen liebt den feuchten Lebensraum, den die Biber schaffen. Ohne die großen Nager wäre dieser hübsche Schmetterling viel seltener.

Dem Graureiher kommt das angestaute Wasser zugute; dort kann er nach Fischen und Fröschen jagen.

Im Sommer gibt es auch viele Lurche (Amphibien), denn hier finden sie ruhiges Wasser, in das sie ihre Eier, den Laich, legen können.

Der Fischotter, der in Deutschland vor allem im Osten anzutreffen ist, profitiert von der Dammbauaktivität der Biber, denn auf der Stauseite des Damms sammeln sich die Fische. Eine wahre Speisekammer für diesen Fischjäger, der für Schleien und Aale schwärmt.

ZITTERSPINNE ODER WEBERKNECHT?

Mit ihren acht dünnen Beinen erinnern sie an einen Hampelmann mit ausgerenkten Gliedern. Diese beiden Akrobaten sind aber wirklich sehr flink. Wir wollen uns diese Spinnentiere, deren Leibspeise Mücken und andere Insekten sind, etwas genauer anschauen.

DIE ZITTERSPINNE

Wie alle Webspinnen besitzt die Zitterspinne Spinndrüsen, um Seidenfäden für ihr Netz zu spinnen. LEBENSRAUM: Diese Jägerin lebt im Inneren von Gebäuden und hängt kopfüber unter ihrem Netz. ERNÄHRUNG: Sie frisst all die kleinen Tiere, die sich in ihrem Netz verfangen.

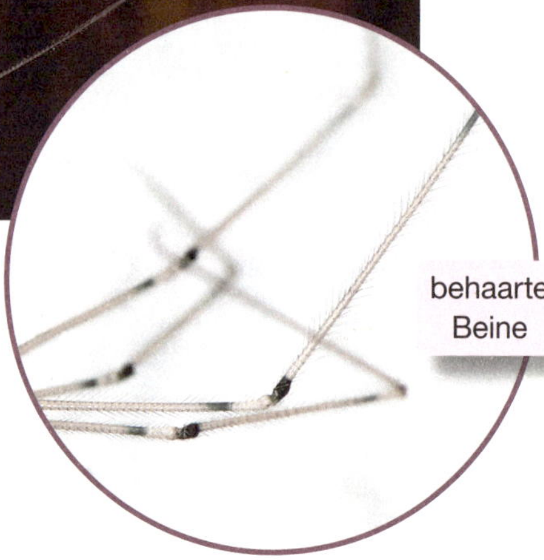

Diese **Spinnentiere** haben Strategien entwickelt, um ihren Feinden zu entgehen. Die Zitterspinne versetzt ihr Netz in rasche Schwingungen, sodass ihr Körper vor dem Hintergrund nur ungenau zu sehen ist. Der Weberknecht kann ein Bein abwerfen, das sich weiter bewegt und den Verfolger ablenkt. Er ist so robust, dass er sogar mit nur vier Beinen überleben kann!

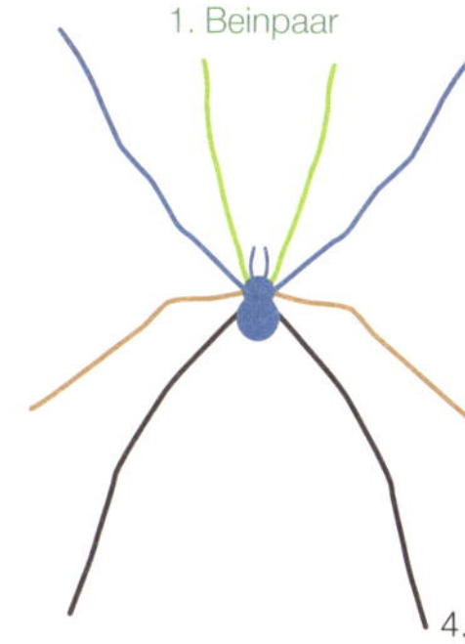

DER WEBERKNECHT

LEBENSRAUM: Dieser Vetter der Webspinnen lebt im Freien und baut kein Netz. ERNÄHRUNG: Er ist ein Jäger und Aasfresser; zudem schwärmt er für Vogelkot.

AUF REISEN MIT DEM SCHWARZMILAN

Jetzt im Frühjahr stelle ich Dir einen merkwürdigen Vogel vor: Es ist ein Greifvogel, der fast in ganz Europa vorkommt. Sein Gefieder ist braun, erscheint aber im Flug bei Gegenlicht sehr dunkel – deshalb wird er Schwarzmilan genannt. Diese Vogelart ist seltener als Mäusebussard oder Turmfalke; wenn wir sie beobachten wollen, versuchen wir das am besten in der Nähe von Gewässern.

Der Schwarzmilan ist ein Zugvogel, der mehr Zeit in Afrika und auf Wanderung verbringt als in Europa. Und er hat viel von seinen Reisen zu erzählen.

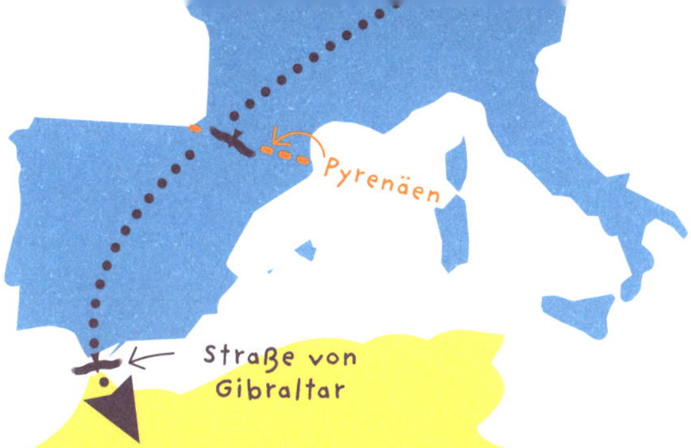

DER FRÜHLINGSBOTE

Nicht nur die Schwalbe macht den Frühling! Der Schwarzmilan ist der bessere Frühlingsbote. Er kehrt im März aus **Afrika** (siehe Fotos) zurück, wenn die Natur aus dem Winterschlaf erwacht. Die Schwalben kommen erst ein paar Wochen später hier an.

Zuerst nimmt das Schwarzmilan-Paar den Horst des Vorjahrs wieder in Besitz, danach beginnt es sofort mit seinem «Liebeswerben», den Balzflügen. Bei diesen akrobatischen Manövern treffen die Vögel in der Luft zusammen, berühren sich und trudeln mit verhakten Fängen in die Tiefe. Anschließend ziehen sie sich auf eine hohe Baumkrone zurück, um den alten Horst auszubessern oder einen neuen zu bauen. Ab April bebrütet das Weibchen die 2–3 weißen, braun gefleckten Eier und wird währenddessen vom Männchen mit Futter versorgt. Die frisch geschlüpften Schwarzmilane wachsen sehr schnell und lernen bald, sich selbst zu versorgen. Schon ab Ende Juli ist die Familie wieder zum Aufbruch in wärmere Länder bereit.

Während bei uns Sommerferien sind, versammeln sich die Schwarzmilane, manchmal zu Trupps von 10 oder 20 Vögeln, manchmal auch zu Hunderten. Die große Reise kann beginnen. Schwarzmilane können im Flug 50 km/h erreichen. Die meisten überqueren die **Pyrenäen** (das Grenzgebirge zwischen Frankreich und Spanien) und die Straße von Gibraltar (die Meerenge zwischen Spanien und Marokko). Ihr Reiseziel liegt in Westafrika, dort verbringen sie die Wintermonate, die bei uns zu kalt für sie wären.

Der Schwarzmilan beantwortet unsere Fragen

Schwarzmilan, was findest Du in Europa und Afrika an den Mülldeponien so interessant?

Die Unmengen an Nahrungsmitteln, die die Menschen wegwerfen. Ihre Abfälle sind Leckerbissen. Wiederverwertung und Reinigung sind meine Spezialität. Tote Fische am Ufer oder andere Tierkadaver – ich nehme alles.

Manchmal stibitzt Du auch die Beute von anderen Greifvögeln oder Reihern. Wirst Du dabei etwa gewalttätig?

Meistens schüchtere ich nur ein, doch ich bringe niemanden um. Manche Vögel – die Reiher, aber ich will ja keine Namen nennen – müssen unbedingt angeben, wenn sie einen Fisch fangen, zeigen ihn prahlerisch herum und wundern sich, wenn ich Appetit bekomme.

Wie verträgst Du Dich denn mit Deinem Vetter Rotmilan?

Ausgezeichnet, danke der Nachfrage! Aber wir gehören nicht wirklich zur selben Clique. Er liebt Frischfleisch, ich mag auch anderes. Deshalb sitzen wir selten am selben Tisch.

Der Opportunist

Es hat keinen Sinn, im Garten einen Nistkasten für den Schwarzmilan aufzuhängen, und sei der Kasten noch so groß. Schwarzmilane sind keine Spatzen und ziehen sehr **große Bäume** in der Nähe von Gewässern oder anderen Feuchtgebieten vor, siedeln sich aber auch in trockeneren und offeneren Lebensräumen an. Und wenn sie in Stadtnähe leben, dann, um den Müll zu durchsuchen.

Der Schwarzmilan wählt seinen Wohnsitz vor allem so aus, dass er dort – möglichst einfach – viel Nahrung finden kann. Er ist **sehr anpassungsfähig** und wird deshalb als Opportunist bezeichnet.

Bussarde, Falken und Milane

Hier ist eine Übersicht über unsere häufigsten Greifvögel, damit Du etwas mehr Ahnung bekommst.

SCHWARZMILAN

Kleiner als der Rotmilan, vor allem dunkler und weniger kontrastreich gefärbt. Kopf und Körper im selben Farbton. Ausgewachsene Vögel niemals mit hellem Flügelfeld.

Länge: 55–60 cm; Flügelspannweite: 135–155 cm
Gewicht: 650–950 g

MÄUSEBUSSARD

Wirkt dank rundlichem Kopf und recht kurzem Schwanz gedrungener als der Schwarzmilan. Gefiederfärbung sehr variabel von dunkelbraun bis hell, am Bauch mehr oder weniger hell gefleckt.

Länge: 51–57 cm; Flügelspannweite: 113–128 cm
Gewicht: 700–1200 g (Weibchen), 550–850 g (Männchen)

ROTMILAN

Der Vetter des Schwarzmilans hat rötlich braunes Gefieder, sein heller Kopf wirkt schwarz gestrichelt, sein Körper schlank. Auf der Unterseite fällt das große helle Flügelfeld der Handschwingen auf.

Länge: 60–66 cm; Flügelspannweite: 145–165 cm
Gewicht: 950–1300 g (Weibchen), 750–1050 g (Männchen)

TURMFALKE

Nur halb so groß wie der Schwarzmilan, oft im typischen Rüttelflug zu beobachten. Beim Männchen ist der Kopf bis auf die Kehle graublau, mit dunklem Bartstreif beiderseits des dunkelgrauen Schnabels. Auch das Weibchen hat einen Bartstreif, sein Gefieder ist hell- und dunkelbraun gestrichelt.

Länge: 32–39 cm; Flügelspannweite: 65–80 cm
Gewicht: 220–300 g (Weibchen), 190–240 g (Männchen)

Rüttelflug, hier ein Jungvogel

HERMELIN ODER MAUSWIESEL?

Derselbe Speisezettel: Hausmäuse, Wühlmäuse, Eier. Derselbe Lebensraum: Wiesen, Hecken, Parks. Wie lassen sich diese beiden kleinen Raubtiere, die sich so sehr ähneln, also unterscheiden?

Das Winterfell des **Hermelins** war früher sehr wertvoll. Man jagte es, um daraus Mäntel für Könige zu fertigen. Zum Glück sind Hermelinmäntel heute völlig aus der Mode.
Sein Fellwechsel im Frühjahr wird durch die länger werdenden Tage ausgelöst. Im Herbst färbt sich das Fell als Reaktion auf die sinkenden Temperaturen weiß.

DAS HERMELIN

GRÖSSE: 22–40 cm lang, 60–450 g schwer. UNTERSCHLUPF: ein mit Haaren ausgepolstertes Nest in einer Baum- oder Erdhöhle, einer Felsspalte oder einem alten Greifvogelnest.

Wie das Hermelin kann das Mauswiesel dank seiner geringen Größe Nagern in ihren Bau folgen. Diese beiden Arten sind wichtige Verbündete der Landwirtschaft, denn sie verringern die Zahl der Mäuse beträchtlich.

Ihre geringe Größe hat aber nicht nur Vorteile. Hermelin und Mauswiesel müssen ständig fressen, um nicht zu verhungern. Zwischen den Mahlzeiten dürfen nicht mehr als ein paar Stunden verstreichen. Nicht einfach, jeden Tag so viel Beute zu finden, dass sie einem Drittel des eigenen Körpergewichts entspricht!

DAS MAUSWIESEL

GRÖSSE: Kleiner und leichter als das Hermelin: 17–30 cm lang, 35–200 g schwer.
UNTERSCHLUPF: oft der eines Beutetieres, in einem Mauerloch oder zwischen Baumwurzeln.

AUF DEM BALL DER

Haut eines männlichen Berg- oder Alpenmolches im Hochzeitskleid in Vergrößerung.

MOLCHE

Wie im Märchen «Aschenputtel» streifen Molchmännchen und -weibchen ihr altes, abgetragenes Kleid ab, um auf den Ball zu gehen. Und was tun sie, sobald sie ihr regenbogenfarbenes Festkleid angelegt haben? Das Männchen macht dem Weibchen den Hof, sie speisen Froscheier und tanzen wie verrückt.

Du kannst einen Molch auf den ersten Blick von einem Salamander unterscheiden: seitlich abgeplatteter Schwanz beim Molch, runder Schwanz beim Salamander.

IN LUMPEN GEKLEIDET

Fünf Monate hat der Molch schlafend unter einem Baumstumpf oder in einer Höhle verbracht. Nun ist er aufgewacht und macht sich in seinen alten, abgetragenen Kleidern auf den Weg.

Langsam und ungelenk kriecht der Molch im Februar/März aus seinem Versteck. Abgemagert, die Haut trocken und in Falten, atmet er die Frühlingsluft ein. Der Bergmolch kann sich auf seinen hervorragenden Geruchssinn verlassen. Nanu, diesen feuchten Geruch nach Pflanzen erkennt er doch wieder! Also marsch! Trotz Schwäche und Hunger macht er sich auf den langen Weg zu dem Tümpel, in dem er geschlüpft ist.

Und was erwartet den Molch dort nach seiner Ankunft? Futter in Hülle und Fülle. Denn während sie auf die etwas später eintreffenden Weibchen warten, lassen sich die Molchmännchen die in Ballen oder Schnüren abgesetzten Eier (Laich) von Fröschen und Kröten schmecken.

Krücken nicht nötig

Ein Bein oder ein Auge zu verlieren, das ist für die meisten Tiere eine Katastrophe. Nicht so für Molche! Sie können ein verlorenes Körperglied ersetzen. Der Körper bildet das abhandengekommene Teil einfach nach, manchmal mit einem Zeh mehr oder weniger.

Sauerstoffvorrat

Ein erwachsener Molch im Hochzeitskleid kann lange Zeit unter Wasser verbringen, denn über seine Haut kann er im Wasser gelösten Sauerstoff aufnehmen. Von Zeit zu Zeit kommt er an die Oberfläche, um atmosphärische Luft zu schnappen. Die Molchlarven haben Kiemen und leben wie Fische ständig unter Wasser.

Das galante Rendezvous

Ein Festmahl, ein völlig neues Kleid – Molchmännchen und Molchweibchen haben sich in Prinz und Prinzessin verwandelt. Der Ball kann beginnen!

Die Häutung der Molche ist ein wunderbares Schauspiel. Am Tümpel angekommen, beginnt der eben noch so «zerlumpte» Molch, sich heftig zu winden. Seine alte Haut reißt auf, zuerst am Kopf. Er dreht und wendet sich wie eine Schlange, und schließlich packt er seine alte Hülle mit den Zähnen – und verschlingt sie!

Und schon sind die Weibchen da. Auch sie häuten sich und fressen ihre alte Haut. Die Männchen, inzwischen ganz aufgeregt, beginnen, um die Weibchen zu streiten. Sie prügeln sich. Bei diesen Duellen mit bloßen Fäusten sind alle Griffe und Finten erlaubt.

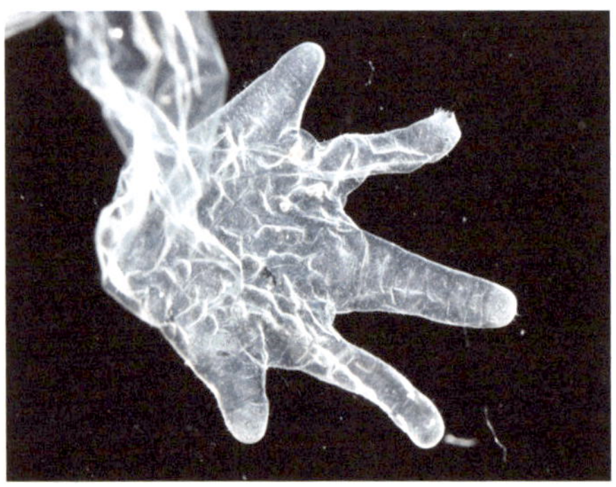

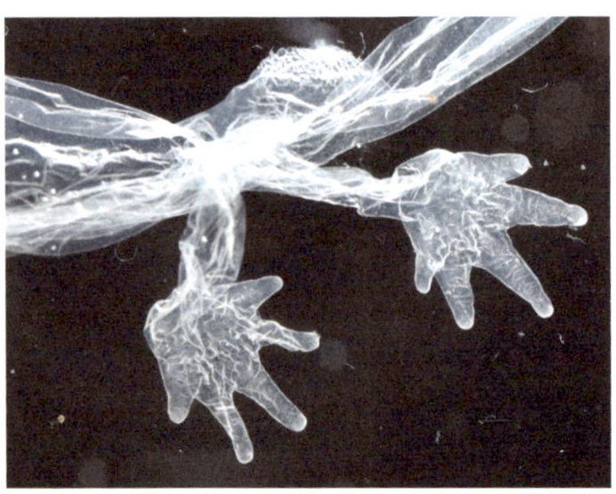

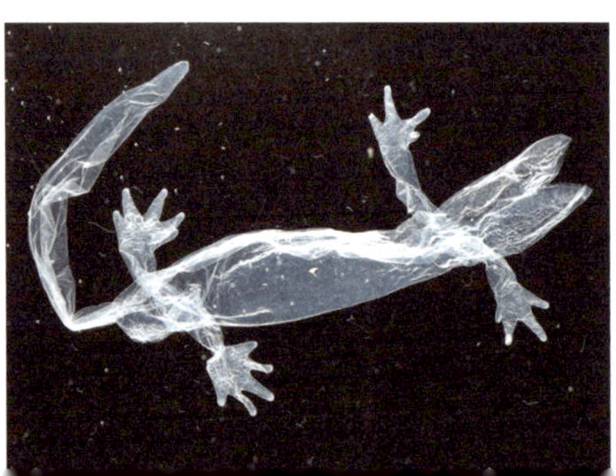

Fast jedes Molchmännchen umwirbt inzwischen seine Prinzessin. Zoologen haben herausgefunden, dass dieses **elegante Ballett** in drei Akten abläuft:

1

Zunächst stellt sich das Männchen seiner Angebeteten in den Weg. Sie läuft davon, ihr Verehrer verfolgt sie und hält ihr seinen bunten Schwanz unter die Nase. Sie erstarrt. Der Molch fächelt ihr mit seinem Schwanz Duftstoffe zu. Um sie noch stärker zu beeindrucken, stellt er sich auf wie eine buckelnde Katze. Das Weibchen erliegt seiner Verführungskunst und akzeptiert seine Werbung.

2

Der Molch tut, als ginge er weiter, hält aber dann brüsk an und setzt auf dem Boden des Tümpels ein weißes Samenpaket ab, das seine Samenzellen (Spermien) enthält. Nun versucht das Männchen, das Weibchen genau über dieses Samenpaket zu bugsieren.

3

Es hat funktioniert! Das Weibchen nimmt das Samenpaket in seine Kloake auf, die Öffnung, die auch zur Eiablage dient. Dieser Tanz ist zu Ende – der Ball aber noch lange nicht! Die Prinzessin wird sich nun andere Tänzer suchen. Schließlich dauert die Paarungszeit rund 60 Tage.

Ein gutes Eierversteck ist überlebenswichtig

Das Fest ist vorbei, aber das ist noch nicht das Ende der Geschichte. Vor allem für die Molchweibchen. Sie legen ihre Eier und verstecken sie dann Stück für Stück.

Anfang April legt das Weibchen bis zu 250 Eier. Sorgfältig heftet es jedes Ei einzeln an ein Blatt, das mit den Hinterbeinen zu einer Tasche gefaltet wird. Über mehrere Wochen legt es täglich 5–10 dieser Eierverstecke an. Die Molchlarve schlüpft, je nach Wassertemperatur, 2–4 Wochen später; anschließend ist die Nahrungssuche ihre wichtigste Beschäftigung. Bis eine Larve so groß wie ein erwachsener Molch wird, muss sie sich mehrfach häuten. Drei Monate nach dem Schlüpfen verliert die Molchlarve ihre Kiemen und damit die Fähigkeit, ständig unter Wasser zu leben.

Im Frühsommer verlassen die Molche ihren Tümpel und gehen an Land. Dort müssen sie einen Unterschlupf finden, wo sie vor der Sommerhitze und Fressfeinden geschützt sind. Bis in den Herbst bereitet sich der Bergmolch auf seine Überwinterung vor, indem er Asseln, Springschwänze und Milben frisst.

Die Mitbewohner

In den Weihern und Tümpeln finden sich auch andere Molche ein: Faden-, Kamm- und Teichmolch.

Zwei Tricks

Bei der Verteidigung gegen Fressfeinde kann der Molch auf die Giftdrüsen in seiner Haut setzen, die ihm einen bitteren Geschmack verleihen. Oder er verfällt auf einen anderen Trick: Er dreht sich mit abgespreizten Beinen und eingerolltem Schwanz auf den Rücken und verharrt starr und steif, als sei er tot. Dieser Totstellreflex sorgt dafür, dass Fressfeinde das Interesse verlieren.

Ei, das vom Molchweibchen in einem Wasserpflanzenblatt versteckt wurde.

Da die Eihülle durchsichtig ist, kann man die Entwicklung der Larve verfolgen.

Die Larve steht kurz vor dem Schlüpfen.

Kleiner Fuchs oder Distelfalter?

Der Kleine Fuchs legt seine Eier nur an Brennnesseln ab, während der Distelfalter – wen wundert's? – Disteln bevorzugt. Wir wollen die beiden Schmetterlinge etwas näher kennenlernen.

Der Kleine Fuchs

ANDERER NAME: Nesselfalter. Einer unserer häufigsten und bekanntesten Schmetterlinge.
FLÜGELSPANNWEITE: 4–5 cm. LEBENSRAUM: Gärten, Wiesen und Felder. GELEGE: 80–200 Eier, die im Haufen abgelegt werden.

Im Winter ziehen sich die Kleinen Füchse in Höhlen, Scheunen oder auf Dachböden zurück. Zeitig im Frühjahr schwärmen sie wieder aus.

Distelfalter gehören zu den Wanderfaltern, die den Winter im Süden verbringen. Jedes Jahr kehren sie zu uns zurück und bringen es hier auf 1–2 Generationen.

Einverstanden! Disteln und Brennnesseln sind uns mit ihren stachligen Blättern bzw. ihren Brennhaaren nicht besonders sympathisch. Aber für das Leben dieser beiden Schmetterlingsarten sind sie unverzichtbar. Damit wir sie weiterhin jedes Jahr auf den Blüten in unserem Garten bewundern können, sollten wir ein Eckchen für diese piksenden Pflanzen reservieren!

Der Distelfalter

FLÜGELSPANNWEITE: 5–6 cm.
LEBENSRAUM: überall, wo Disteln wachsen.
GELEGE: einzelne Eier.

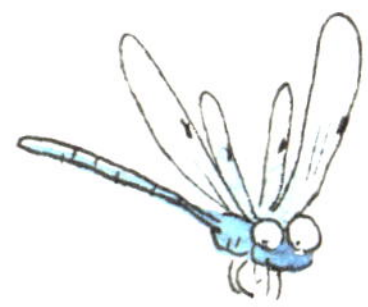

SOMMER

SPECHT • STECHMÜCKE • IGEL

BLUTROTER HARTRIEGEL ODER KORNELKIRSCHE?

WALDMAUS ODER HAUSMAUS?

MÄUSEBUSSARD ODER STEINADLER?

DER TROMMLER IM WALD

Heute bist Du in einem Wald mit großen, alten Bäumen. Hast Du diese Schnabelhiebe auf dem Baumstamm gehört? Stell Dich irgendwo hin, schau nach oben und warte. Da ist der Specht, dort an der Birke! Er beugt seinen Kopf nach hinten, stützt sich auf seinen Schwanzfedern ab und schlägt mit dem Schnabel kraftvoll gegen den Stamm. Trrrrr...

Die Werkzeuge des Spechts

Er schläft aufrecht, ohne zu ermüden, klettert an Stämmen entlang, höhlt das Holz aus …
Der Specht ist für das Leben in der Senkrechten gemacht.

Mit seinem **kräftigen Schnabel** reißt der Buntspecht Rindenstücke und morsches Holz heraus. Um die Abnutzung auszugleichen, wächst der Hornbelag des Schnabels ständig nach.

Seine **4 Zehen** tragen Krallen und bilden zusammen einen Klammerfuß, ein perfektes Greifwerkzeug, um senkrecht hochzuklettern.

Das Gehirn ist **stoßdämpfend** gelagert. Die Schädelknochen sind verstärkt, zudem sind Schnabel und Schädel federnd verbunden.

Er stützt sich mit seinen versteiften **Schwanzfedern** ab, um das Gleichgewicht zu halten.

Die sehr lange Zunge des Grünspechts ist mit klebrigem Speichel bedeckt – so kann er Ameisen perfekt erbeuten.

Das Trommeln

Trrrrrrr. Vom Januar an trommelt der Specht mit aller Kraft gegen die Bäume. So erfahren mögliche Partnerinnen und Rivalen von seiner Anwesenheit. Der Schnabel schnellt so rasch vor und zurück, dass die Einzelbewegungen nicht mehr zu erkennen sind.
Jede Spechtart hat ihren eigenen Trommelrhythmus. Beim Buntspecht dauert der Wirbel mit 10–16 Schlägen nur eine halbe Sekunde und dies bis zu 600 Mal pro Tag.

Die Stimmen

«Klüh-klüh-klü-klü-klü…» Wenn Du im Wald oder im Obstgarten ein lautes Lachen hörst, dann schau um Dich – es ist der Grünspecht, der da ruft.
Der Ruf des Schwarzspechts schallt bis zu 2 km weit. Im Flug stößt er ein «krrück-krrück-krrück» aus, beim Landen ein klagendes «kliööh».

Rufe, Gesänge und das Trommeln der Spechte kannst Du Dir hier anhören:

www.spechte-online.de
→ Mediathek → HörBar
www.vogelwarte.ch
→ Ratgeber → Vögel der Schweiz

Von allen Spechten zimmert der Schwarzspecht die größte Höhle; das kann 2–3 Wochen dauern. Die Öffnung ist 12 cm hoch und die Bruthöhle kann 60 cm tief sein!

Logenplatz

Nach der Trommel kommt der Hammer zum Einsatz. Die dumpferen Schläge zeigen an, dass die Spechte ihre Höhle bauen.

Die ungeduldigsten Spechte fangen Mitte März an. Sie wählen einen geschwächten Baum und bearbeiten ihn mit mächtigen Schnabelhieben, um ihre Bruthöhle zu zimmern.

Im Mai kehrt wieder Ruhe im Wald ein: Die Spechte sind beim Brüten leise. Jetzt treiben die Bäume auch Blätter, die das Kommen und Gehen dieser schönen Vögel verbergen – als ob sie verschwunden wären!

Zwei Wochen später machen sich die frisch geschlüpften Spechtjungen durch Gepiepse bemerkbar. Die Eltern haben jetzt viel Arbeit: Sie füttern die Kleinen bis zu 30 Mal pro Stunde! Womit? Mit einem Brei aus Blattläusen und Raupen. Lecker!

Nahrung im Holz

Spechte benötigen trockenes Holz und wurmstichige Stämme. Leider enthalten unsere «aufgeräumten» Wälder nicht genug Totholz. Es reicht schon, alternde oder kranke Bäume nicht zu fällen, sondern stehen zu lassen, um den Vögeln zu helfen.

Spechte bringen keine Bäume um!

Spechte wählen kranke und geschwächte Bäume, um ihre Höhlen zu zimmern, dort arbeitet es sich leichter als in hartem Holz. Sie töten also keine gesunden Bäume ab. Die Spechte sind Teil des natürlichen Gleichgewichts im Wald.

Untermieter

Leere Spechthöhlen werden rasch von Mardern, Fledermäusen, Baumläufern, Trauerschnäppern oder Kleibern wiederbesiedelt. Dank der Spechte finden diese Tiere, die keine Bäume aushöhlen können, ein bequemes Quartier. Wenn das Totholz in den Wäldern fehlt, gibt es auch weniger Spechthöhlen, und alle Tiere leiden darunter.

Schwarzer Riese

Der Schwarzspecht ist einer der größten Spechte der Welt; er kann bis zu 50 cm messen! Dieser scheue Vogel ist trotz seiner Körpergröße nur schwer zu beobachten.

Neun Spechte, neun Speisezettel

In unseren Wäldern kommen 9 Spechtarten vor; einige sind häufiger als andere. Jede Art hat ihr Lieblingsmenu.

Der **Grünspecht** ernährt sich von Ameisen. Er führt seine lange, klebrige Zunge in das Ameisennest ein und erbeutet mit einem Schlag Dutzende von Ameisen. Auch **Grauspecht** und **Wendehals** jagen auf dem Boden nach Ameisen.

Der **Schwarzspecht** bevorzugt Rossameisen. Diese großen Insekten legen ihre Kolonien im Inneren von Baumstämmen an. Der Schwarzspecht kann sie aufspüren und zimmert riesige Löcher ins Holz, um sie zu erbeuten. Der sehr seltene **Dreizehenspecht** ernährt sich von Borkenkäferlarven, Käfern, die in alten Nadelbäumen parasitieren. Der **Weißrückenspecht** liebt große Käferlarven, die im Totholz leben.

Der **Buntspecht** zerlegt Kiefern-, Fichten- und Tannenzapfen, aber auch Nüsse. Dazu klemmt er sie in einen Rindenspalt und gelangt mit wenigen Schnabelhieben an die Samen im Inneren. Einige Larven und Beeren runden das Menu ab. Der **Kleinspecht** nascht gerne Blattläuse oder Raupen. Der seltene **Mittelspecht** mag Spinnen, kleine Mücken und Wanzen.

1

Der Grünspecht sucht seine Nahrung am Boden. Sein Schnabel ist ganz dreckig.

2

Die großen Löcher in dieser Fichte hat der Schwarzspecht gezimmert.

3

Diese «Werkstatt» des Buntspechts nennt man Spechtschmiede.

1

2

3

BLUTROTER HARTRIEGEL ODER KORNELKIRSCHE?

Sie sehen ähnlich aus, doch der eine hat gelbe Blüten und rote Früchte, der andere weiße Blüten und schwarze Früchte. So kannst Du diese Sträucher oder kleinen Bäume mit hartem Holz und fleischigen Steinfrüchten unterscheiden:

DER BLUTROTE HARTRIEGEL

HÖHE: 1–5 m hoher Strauch. BLÜTE: Frühsommer, Mai–Juni. LEBENSRAUM: wächst auf allen Böden; ist häufiger.

Die Früchte der Kornelkirsche, die Kornellen, schmecken säuerlich und können roh gegessen, als Obstkuchen, Kompott oder Marmelade zubereitet werden. Wenn sie noch nicht ganz reif sind, kann man sie in Salzwasser konservieren und wie kleine Oliven essen.
Die Früchte des Blutroten Hartriegels sind leicht giftig und können zu Bauchschmerzen und Erbrechen führen. Aus dem Öl der Samen hat man früher Seife hergestellt.

Kleiner Trick zur Unterscheidung: Das Blatt des Blutroten Hartriegels bleibt durch «Fäden» verbunden, wenn man es vorsichtig zerreißt, das der Kornelkirsche zerfällt in zwei Teile.

Die Kornelkirsche hat viele Liebhaber; Feldhasen und Rehe fressen die zarten Blätter, Bienen lieben die Blüten, die im zeitigen Frühjahr erscheinen, und die Vögel lassen sich die Früchte im Sommer schmecken.

DIE KORNELKIRSCHE

HÖHE: 5–8 m hoher Strauch bis Baum. BLÜTE: Spätwinter, ab Mitte Februar, vor den Blättern. LEBENSRAUM: seltener als der Blutrote Hartriegel, wächst auf eher trockenen Kalkböden.

Bzzzz

Bzzzz, Stich und Schlürf!

Wer ist die Stechmücke? Ein kleiner Vampir, der uns leicht den Urlaub oder das Picknick verderben kann. Aber das ist nicht alles. Die Mücke ist auch ein Insekt mit vielen Qualitäten. Man sollte sie genauer beobachten, ohne sie gleich platt zu schlagen!

OH, WIE DAS JUCKT!

Wusstest Du, dass nur die Mückenweibchen stechen? Sie saugen unser Blut aus einem einzigen und guten Grund: Sie müssen sich fortpflanzen. Aber warum jucken ihre Stiche so?

Mückenweibchen *(Culex pipiens)* von der Seite

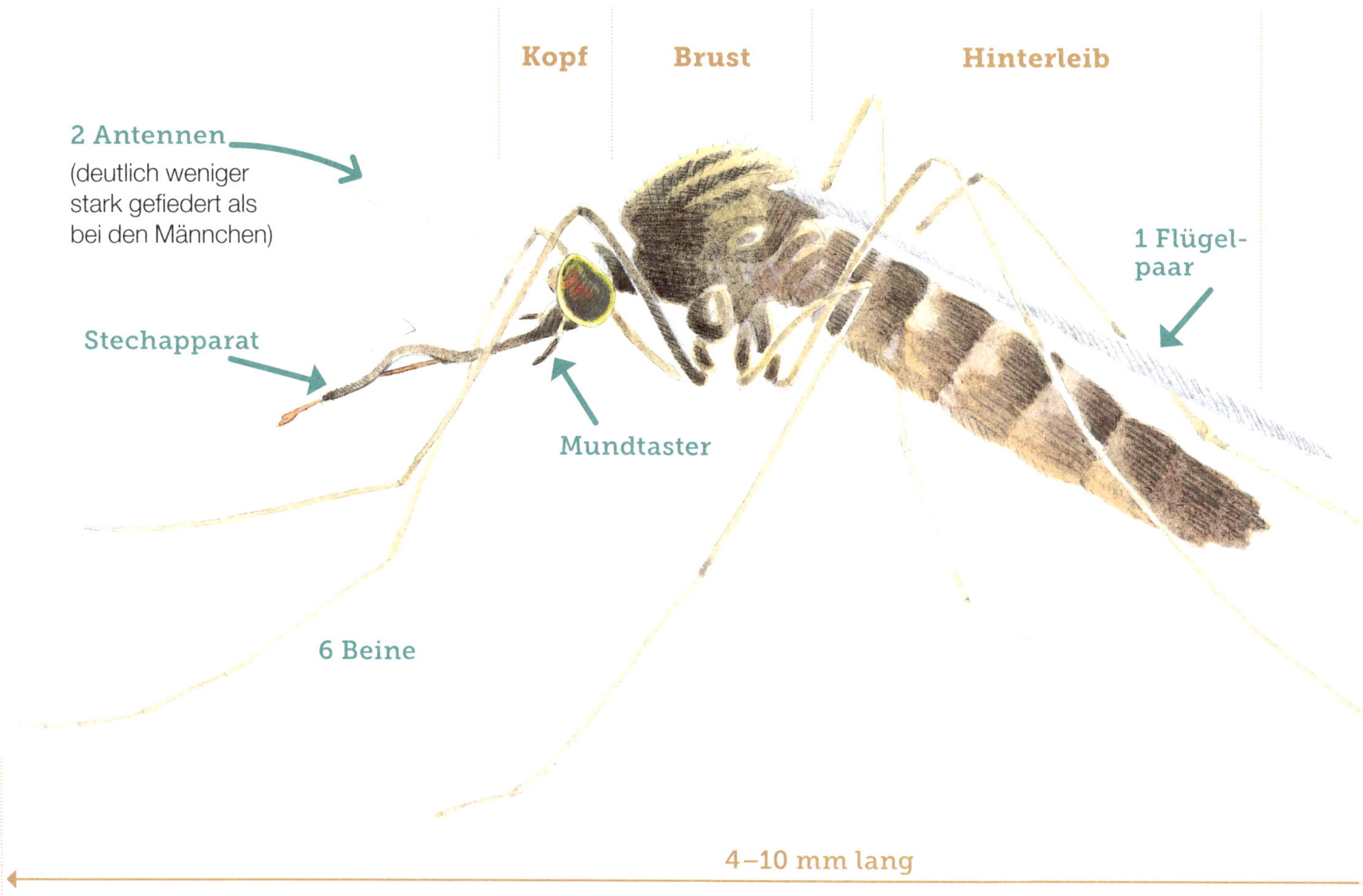

Der Stich und das Brennen

Das Mückenweibchen braucht Blut, damit sich seine Eier entwickeln können. Wenn es Körperwärme und Schweißgeruch wahrnimmt, wird es aktiv und stürzt sich auf sein Opfer. Mit seinem Stechapparat und seinen Mundtastern tastet es die Haut ab, um eine günstige Stelle zu finden. Dann durchbohrt es die Haut mit seinem Stechapparat. Dieser besteht aus vier Stechborsten mit Sägekante, um das Gewebe des Opfers zu durchtrennen, und zwei «Kanülen», die in die Blutgefäße gesenkt werden. Mit dem Speichel der Mücke gelangt ein Stoff in die Stichwunde, der das Blut am Gerinnen hindert. Das führt zu einem leichten Brennen, und man möchte sich kratzen. Der Saugvorgang dauert recht lang; um «vollzutanken», braucht die Mücke 3–5 Minuten. Ist das Mückenweibchen satt, fliegt es schwerfällig davon.

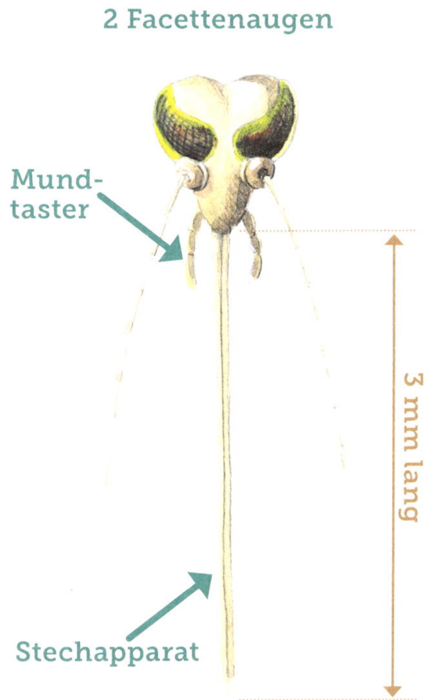

Wirksamer Mückenschutz …

Es gibt zahlreiche Tricks und Kniffs, um Mücken fernzuhalten. Man kann aromatisch riechende Pflanzen auf den Balkon oder die Fensterbank stellen: Basilikum, Thymian, Lavendel oder Geranien, das funktioniert! Auch lockere, helle Kleidung und ein Fliegengitter sind altbewährte, erprobte Schutzmaßnahmen. Und Spinnen, die man im Haus wohnen lässt, helfen durch ihre Netze gegen eine Mückenplage. Wenn all diese einfachen Maßnahmen nicht ausreichen, muss man in der Apotheke ein Mücken-Repellent kaufen.

… und unnötiger Schnickschnack

Die Ultraschallsysteme oder die Anti-Mücken-Armbänder, die man überall im Internet findet, sind völlig nutzlos. Was elektrische Mückenvernichter angeht, die die Tiere mit Licht oder Wärme anlocken, so töten diese sämtliche Fluginsekten … aber ausgerechnet Mücken sind nur wenige darunter.

BLUT ODER NEKTAR?

Die Mücke ist ebenso gefährlich wie ein anderes blutrünstiges Tier. Sie kann tödliche Krankheiten verbreiten. Aber sie ist auch sehr nützlich.

In den Tropen fallen den Mücken jedes Jahr Millionen Menschen zum Opfer. Ein einfacher Stich dieses Insekts, das gefährliche Mikroben überträgt, reicht aus, um einen Menschen zu infizieren. Bisher gibt es noch keine Impfung gegen gefährliche Krankheiten wie Malaria, Dengue- oder Chikungunya-Fieber. Die winzigen Erreger, die diese Krankheiten auslösen, sind in Europa nicht weit verbreitet, doch isolierte Fälle sind in einigen Teilen von Südeuropa aufgetreten. Das spricht dafür, dass sich diese Krankheiten nach Norden ausbreiten.

Doch Mücken sind nicht nur lästig. Sie dienen vielen Tieren, wie Fischen, Fröschen, Vögeln, Fledermäusen und Spinnen, die sich von den Larven, den Puppen oder den erwachsenen Insekten ernähren, als willkommene Mahlzeit. Es ist schon verrückt, wie ein kleines Insekt für die einen ein Quälgeist und für die anderen ein Glück sein kann.

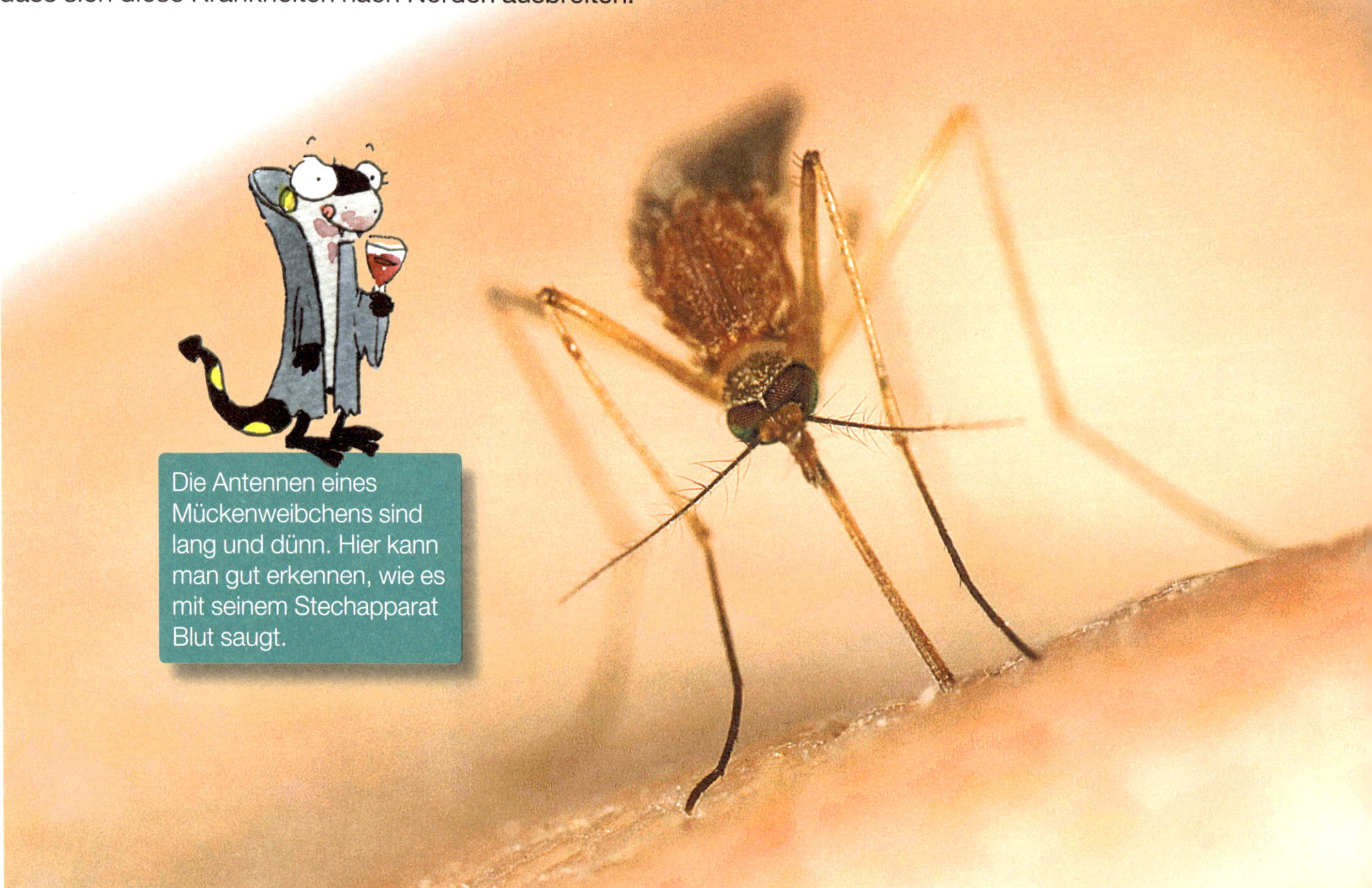

Die Antennen eines Mückenweibchens sind lang und dünn. Hier kann man gut erkennen, wie es mit seinem Stechapparat Blut saugt.

Ein Mückenmännchen ist leicht an seinen stark gefiederten Antennen zu erkennen. Es ernährt sich ausschließlich von Pflanzensäften.

Ein Leben zwischen Himmel und Wasser

Eier aufs Floß, Larven unter Wasser, schließlich Wasserflugzeug: Das abenteuerliche Leben der fliegenden und stechenden Quälgeister spielt sich in einem schnellen, kaum einen Monat dauernden Kreislauf ab.

Das erwachsene Insekt hat nur ein Ziel: sich fortzupflanzen. Sein Leben ist kurz: einige Wochen. Die Männchen sterben nach der Paarung. Die Weibchen leben länger.

6

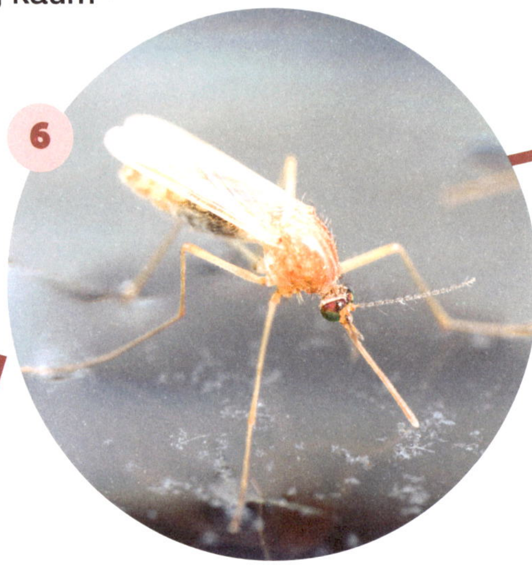

5 **Das Schlüpfen:** Aus der Puppe schlüpft die erwachsene Mücke. Sie bleibt einen Moment lang auf der Wasseroberfläche hocken, um ihre Flügel zu trocknen, bevor sie davonfliegt.

4 **Die Puppe** ist wie ein Komma geformt. Auch sie ist sehr beweglich und atmet weiter Luft, nimmt aber keine Nahrung auf.

mindestens 4 Tage

10 Tage bi
6 Monate

1 **Die Eiablage:**
30–350 Eier werden auf einer ruhigen Wasseroberfläche abgesetzt.

2 **Die Eier**
bilden kleine Flöße oder Schiffchen auf stehendem Wasser.

Schlüpfen nach mehreren Tagen (das hängt von der Temperatur ab)

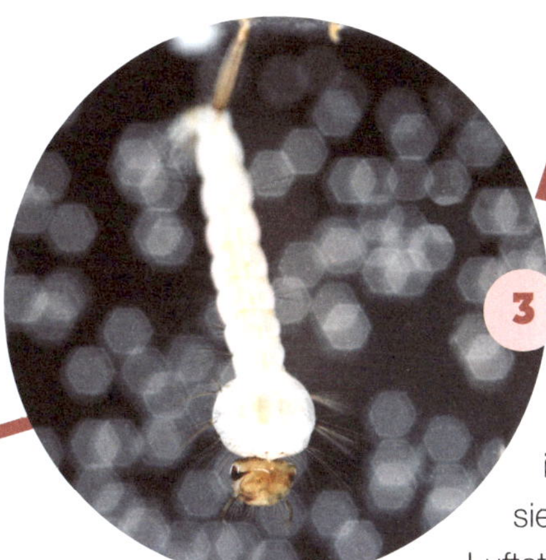

3 **Die Larve** hängt unter der Wasseroberfläche. Sie häutet sich vier Mal, bevor sie sich in eine Puppe verwandelt. Mithilfe ihrer bürstenartigen Mundwerkzeuge filtert sie Nahrung aus dem Wasser. Die Larven sind Luftatmer und atmen durch ein Atemrohr (ganz oben im Bild). Bei der geringsten Gefahr lassen sie sich zappelnd zu Boden sinken.

Trödler
Mit einer Geschwindigkeit von 1,5–2,5 km/h fliegen Mücken nicht sehr schnell. Du kannst ihnen entkommen, indem Du einfach davongehst, denn Du legst im Schnitt 4 km/h zurück.

Riesen
Stechmückenfossilien werden bis zu 170 Millionen Jahre alt datiert, aus der Zeit der Dinosaurier. Einige Arten waren dreimal so groß wie heute. Brrr!

Schläfer
Wie Bären oder Murmeltiere überwintern manche Mücken. Die Weibchen ziehen sich dazu in Höhlen zurück. Die Männchen sterben vor Einbruch des Winters.

Eine große Sippe
Auf der Welt gibt es Tausende von Mückenarten, ebenso viele in den Tropen wie in den arktischen Regionen. Die häufigste Art bei uns ist *Culex pipiens.*

Plagegeister
In der kanadischen Stadt Churchill herrscht die größte Mückendichte: Auf einer Fläche, die so groß wie Dein Zimmer ist, tummeln sich etwa 16 000!

Waldmaus oder Hausmaus?

Eine kleine Fellkugel huscht an einer Mauer entlang und verschwindet ebenso rasch, wie sie aufgetaucht ist. Nicht leicht zu sagen, wer das war!

Die Waldmaus

ERNÄHRUNG: überwiegend Samen, aber auch Schnecken, Regenwürmer und Insekten.
LEBENSRAUM: ein nicht sehr tiefer Bau mit zahlreichen Eingängen und mehreren Kammern, um Vorräte zu lagern.

Die Waldmaus ist eine Landbewohnerin; sie lebt in Gehölzen und auf Feldern, in Gärten und Parks, auf Brachflächen und in Wäldern und legt dort einen Bau an. Die Hausmaus ist eine Stadtbewohnerin. Sie ist zu einer Begleiterin des Menschen geworden und hat sich an das Leben in der Stadt angepasst. Besonders gern schleicht sie sich auf Speicher und in Speisekammern ein, wo es ihr weder an Nahrung noch an Unterschlupf mangelt.

Um ihren Feinden zu entkommen, kann die Waldmaus ein kleines Stück ihres Schwanzes verlieren. Diese Verteidigungstechnik, die auch Eidechsen anwenden, bezeichnet man als Autotomie.
Viele Menschen verabscheuen die Hausmaus. Sie kann im Haus großen Schaden anrichten, weil sie Kabel zernagt, überall ihre Köttel hinterlässt und sich an unseren Vorräten vergreift.

DIE HAUSMAUS

ERNÄHRUNG: Als Allesfresserin vertilgt sie alles, was essbar ist. Und manchmal sogar Dinge, die eigentlich nicht essbar sind, wie Wachskerzen! LEBENSRAUM: Nester werden aus Papier, Stoff und Verpackungsmaterial gebaut. Im Haus in der Nähe von Lebensmittelvorräten, unter den Dielen, in Mauerlöchern. Gräbt manchmal auch einen sehr einfachen Bau mit nur einer Kammer und einem einzigen Eingang.

Der Stachelritter

Dank seiner stachligen Rüstung fürchtet sich der Igel vor fast nichts. In Acht nehmen muss er sich nur vor Autos und giftigen Schädlingsbekämpfungsmitteln im Garten!

KaKTUS aUF ViER PFOTeN

Gescheit ist der Hund, der sich nicht die Schnauze piekst, wenn sich der Igel zu einer Kugel zusammengerollt hat.

Wenn sich der Igel sicher fühlt, sind seine Stacheln nach hinten gelegt. Beim geringsten Alarm richtet er seine rund 5000 Stacheln jedoch wie Lanzen auf. So schützt er sich vor seinen Feinden.
Wird er angegriffen, zieht er seinen Kopf ein und rollt sich zu einer Kugel zusammen. Um seine «Rüstung» zu verschließen, spannt er zahlreiche Muskeln an, darunter auch einen Schließmuskel, der die Kugel geschlossen hält – Pfoten, Schnauze, Ohren verschwinden in der Kugel! So kann er mehrere Stunden verharren.

Ein Stachel

- kann sich verbiegen, um Stöße aufzufangen
- fällt nach 1 ½ Jahren aus und wird durch einen neuen Stachel ersetzt
- ist innen hohl, dadurch leicht und dennoch stabil

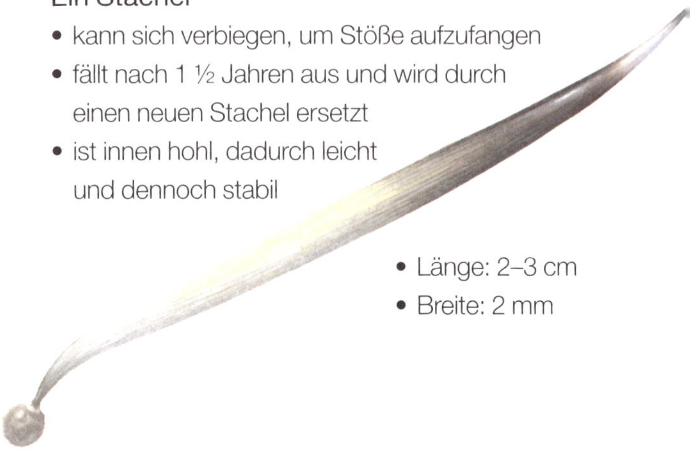

- Länge: 2–3 cm
- Breite: 2 mm

Abgesehen von Uhu, Dachs und Fuchs, trauen sich nur wenige räuberisch lebende Tiere, ihre Zähne oder Krallen in dieses Stacheldickicht zu schlagen! Gegen andere Gefahren hilft diese Rüstung jedoch leider nicht …

Überfahren

Feind Nummer 1 ist das Auto! Im Sommerhalbjahr sterben auf den europäischen Straßen jeden Tag 2800 Igel. Igel bewegen sich häufig im Zickzack über die Straße, um die totgefahrenen Tiere zu fressen, und werden dabei ihrerseits überfahren.

Vergiftet

In den Gärten droht dem Igel Tod durch Vergiftung. Denn er frisst die kleinen Tiere, die die Menschen mit Gift bekämpfen: eine Nacktschnecke, einen Käfer …

Parasiten

Flöhen und Zecken sind die Stacheln des Igels schnuppe. Dieser Parasitenbefall schwächt den Igel, der sich nicht lecken oder an einem Baumstamm scheuern kann, um sich von den Plagegeistern zu befreien.

1

Dem Igel auf der Spur

Gibt es einen Igel in Deinem Viertel? Versuche, es herauszufinden, indem Du auf diese drei Hinweise achtest.

1 Wenn der Igel auf der Jagd nach Insekten und ihren Larven oder nach Regenwürmern ist, vergisst er jede Vorsicht. Geh in der Abenddämmerung nach draußen und spitz die Ohren! Dann hörst Du ihn vielleicht im Gras oder im Laub rascheln.

2 Tagsüber kannst Du nach seinen schwarzen, glänzenden Kothaufen Ausschau halten, die etwa so lang wie ein Kleinfinger sind. Er erleichtert sich überall, selbst auf der Fußmatte vor der Tür. Und diese Löcher im Rasen? Die hat er auf der Suche nach Beute gegraben.

3 Schwieriger ist es, Fußabdrücke zu finden. Wenn er über weiches Erdreich gelaufen ist, entdeckst Du vielleicht seine Fährte, mit scharfen Krallen an den Zehen.

Die Speisekarte des Igels

Vielfraß

Bei feuchtem Wetter frisst er vor allem Regenwürmer, die dann an die Oberfläche kommen. Der Vielfraß kann in einer einzigen Nacht 100 Stück verputzen!

Leben in Zeitlupe

Um den Winter zu überleben, legt sich der Igel zum Schlafen in ein großes Nest aus Blättern, das ihn gut isoliert und vor Nässe schützt. Er lebt nun in Zeitlupe: Seine Körpertemperatur sinkt von 35 °C auf 10 °C, und er macht nur alle 2–3 Minuten einen Atemzug.

Fastenzeit

Aufgrund der Fettpolster unter der Haut kann ein Igel mehrere Monate lang hungern. Einmal pro Woche wacht er auf, bewegt sich und schläft wieder ein. Jedes Mal nehmen seine Fettreserven ein wenig ab. Wenn er seine Reserven vor Frühlingsbeginn erschöpft, muss er ganz wach werden … und hoffen, dass die Insekten ebenfalls schon zur Stelle sind!

Spürnase

Auf der Jagd läuft er im Zickzack und steckt seine Schnauze in jedes Grasbüschel. Er kann seine Beute noch 3 cm unter der Erdoberfläche erschnüffeln und hören, wie sich ein Regenwurm im Boden fortbewegt.

Klein, aber stachlig

Im Sommer sucht das Igelweibchen ein Nest auf, das es mit Laub oder Moos gepolstert hat. Dort bringt es 4–5 Junge zur Welt.

Bei seiner Geburt wiegt ein junger Igel nur 10–25 g. Sein rosiger Rücken trägt noch keine Stacheln. Nach einigen Stunden zeigen sich jedoch rund 100, nur wenige Millimeter lange, weiße Nadeln. Die ersten längeren, braunen Stacheln tauchen ab dem 2. Tag auf. Es dauert 3 Wochen, bis sie die «Milchstacheln» vollständig ersetzt haben, sodass die Jungtiere wie ihre Eltern aussehen.

Die Mutter kümmert sich 2 Monate lang um ihren Nachwuchs, dann löst sich die Familie auf. Die Jungtiere müssen also möglichst rasch zunehmen und wachsen! Weil die Muttermilch sehr nahrhaft ist, können sie ihr Geburtsgewicht in einem Monat verzehnfachen. Wenn sie bei Winteranbruch weniger als 450 g wiegen, überleben sie nicht. Von fünf jungen Igeln erleben nur ein oder zwei ihren ersten Geburtstag.

Ein Igel im Garten

Es macht großen Spaß, einem Igel dabei zuzuschauen, wie er das Futter frisst, das man ihm hingestellt hat. Doch man muss sich genau überlegen, was man ihm anbietet. Bitte keine Kuhmilch, davon bekommt er Durchfall! Besser, man stellt ihm ein Schälchen Wasser hin, vor allem im Sommer. Und was feste Nahrung angeht, so ist Trockenfutter für Hunde oder Katzen gut geeignet; auch Fleisch- oder Fischabfälle nimmt er gern. Diese Gaben weiß der Igel besonders im Herbst zu schätzen, wenn er seine Fettpolster für den Winter anlegt. Damit sich keine ungebetenen Gäste am Futter bedienen, kann man es unter eine umgedrehte Kiste stellen, bei der eine Ecke ein wenig angehoben ist.

Mäusebussard oder Steinadler?

Der eine lebt fast überall, der andere ist sagenumwoben und man bekommt ihn nur selten zu Gesicht. So kannst Du die beiden Greifvögel, zwei Meister der Lüfte, unterscheiden:

Das Gefieder kann beim Mäusebussard sehr verschieden gefärbt sein, von sehr hell bis sehr dunkel. Bei erwachsenen Vögeln ist von unten am Saum von Flügeln und Schwanz immer eine schwarze Binde zu sehen.

Der Mäusebussard

LÄNGE: 51–57 cm. FLÜGELSPANNWEITE: 113–128 cm. FLUG: recht schneller Flügelschlag. NAHRUNG: kleine Nager, Reptilien, Amphibien und Regenwürmer. NEST: Baumhorst.

Sieh Dir die Zaunpfähle am Rand der Felder an. Dort setzt sich der Mäusebussard gerne hin, um Feldmäusen aufzulauern, sie sind seine Lieblingsbeute.
Den majestätischen Steinadler kannst Du eher im Gebirge, zwischen 1500–3000 m, entdecken. Wenn er auftaucht, stoßen die Murmeltiere einen pfeifenden Alarmruf aus.

Mäusebussarde sitzen oft an Autobahnen und versuchen, überfahrene Tiere zu erbeuten, dabei kommen sie manchmal selbst um. Doch viel gefährlicher für sie ist das Vergiften von Feldmäusen in der Landwirtschaft, da sie diese vergifteten Tiere fressen.
Steinadler werden durch den zunehmenden Bergtourismus gestört. Klettersport und Gleitschirmfliegen vertreiben diese Vögel und führen dazu, dass sie ihre Brut aufgeben.

Im Englischen heißt der Steinadler wegen der goldbraunen Federn am Kopf ***golden eagle***. Doch wenn man ihn im Flug von unten sieht, ist diese schöne Färbung leider nicht sichtbar. Die jungen Adler sind an großen, weißen Flecken auf der Unterseite von Flügeln und Schwanz zu erkennen.

DER STEINADLER

LÄNGE: 80–90 cm. FLÜGELSPANNWEITE: 190–220 cm. FLUG: tiefe, langsame Flügelschläge. NAHRUNG: Murmeltiere, Feldhasen, Füchse und manchmal Gämsen oder Steinböcke, die durch Lawinen umgekommen sind. HORST: aus Zweigen gebaut, in einer Felswand oder manchmal auf Bäumen. Kann mehrere Meter hoch und breit sein.

HERBST

AMEISEN • BRAUNBÄR • STAR

WILDKATZE ODER HAUSKATZE? • MAUER- ODER ZAUNEIDECHSE?

WEINBERGSCHNECKE ODER GEFLECKTE WEINBERGSCHNECKE?

ZU GAST IN DER AMEISENKOLONIE

Ein Hügel aus Reisig und Baumnadeln ist das Zuhause der Waldameisen. Ihr lateinischer Name ist *Formica.* Diese Insekten mögen zwar winzig sein, doch sie leisten Großartiges!

GUT ORGANISIERTE INSEKTEN

Ameisen folgen einander im Gänsemarsch. Manche verlassen das Ameisennest, um Nahrung zu suchen, andere kehren voll beladen zurück. Wir wollen uns ihr Leben ein wenig genauer ansehen.

Wie für Insekten typisch, unterteilt sich der Körper der Ameise in drei Abschnitte: Kopf, Brust und Hinterleib. Die Waldameise hat keinen Stachel. Sie sticht nicht, beißt aber und verspritzt aus dem Hinterleib Ameisensäure. Mit dieser ätzenden Flüssigkeit besprüht sie ihre Beute beziehungsweise ihre Feinde, zum Beispiel Spechte. Während diese geringe Menge an Ameisensäure für Menschen ungefährlich ist, kann ein Insekt leicht daran sterben.

Zum Angriff

Um die Kolonie zu verteidigen oder um Beute zu machen, besprüht die Waldameise ihr Gegenüber mit Ameisensäure aus ihrem Giftsack. Die Rote Gartenameise verfügt ebenfalls über Ameisensäure, die sie aber mittels eines Stachels in ihre Feinde oder Beutetiere spritzt.

Hochzeitsflug

Männchen und Weibchen der Waldameisen paaren sich auf dem Boden oder auf Blättern. Die Königinnen und die Männchen sind vom Schlüpfen an geflügelt. Jede Königin muss von einem Männchen befruchtet werden, damit sie Eier legen kann. Bei schönem, warmem Wetter im Juni und Juli kannst Du Ameisen auf dem Hochzeitsflug beobachten.

Ein geflügeltes Weibchen vor seinem Hochzeitsflug.

Bei den Waldameisen teilt sich das Volk in mehrere Gruppen oder Kasten auf: Arbeiterinnen, Männchen und Königinnen.

1 • Die Arbeiterinnen: In einem Ameisenhügel leben rund 180 000 von ihnen. Sie bauen, putzen, jagen, verteidigen die Kolonie und kümmern sich um die Larven. Diese Ameisen sind stets ungeflügelt und 2–3 Mal kleiner als die Männchen oder die Königinnen. Im Lauf ihres langen Lebens (2 Jahre, das ist für Insekten eine Menge) übernimmt eine Arbeiterin sämtliche Aufgaben mit Ausnahme der Fortpflanzung. Sie ist unfruchtbar (steril).

2 • Die Männchen: Von allen drei Gruppen haben sie die größten Augen, um die Weibchen ausfindig zu machen. 1–2 Tage nach dem Hochzeitsflug sterben sie. Im Ameisennest haben sie keine andere Aufgabe, als auszufliegen, um sich zu paaren.

3 • Die Königinnen: In jeder Waldameisenkolonie leben 60–1500 Königinnen, die sich auf mehrere Hügel verteilen. Eine Königin herrscht nicht, sie legt Eier. Eine einzige Paarung reicht ihr aus, um ihr Leben lang (ca. 5 Jahre) Eier zu legen.

GENIALE BAUMEISTERINNEN

Ein Ameisenhügel, errichtet an einem Baumstumpf am Waldrand oder auf einer Waldlichtung, ist ein architektonisches Meisterwerk. Das Nest ist außerordentlich solide gebaut.

Ein Ameisenhügel dient gleichzeitig als Unterschlupf und als Brutkasten. Seine Form, seine Ausrichtung und seine dunkle Färbung erlauben ihm, die Sonnenenergie optimal zu nutzen. Durch Öffnen und Schließen seiner unzähligen Eingänge sorgen die Bewohner für eine gute Durchlüftung. Im Sommer steigt die Temperatur niemals über 30 °C. Die konstante Wärme in der Kuppel erlaubt den Eier und Larven, sich so rasch wie möglich zu entwickeln. Im Winter sorgen die Insekten für so viel Wärme, dass die Temperatur im Nest nicht unter 5 °C sinkt.

Im Herbst geht es im Ameisenhügel allmählich ruhiger zu. Die Königinnen legen keine Eier mehr und sind die ersten, die sich in die Tiefen des Nestes zurückziehen, um zu überwintern. Die Arbeiterinnen gesellen sich zu ihnen, sobald sie den Hügel winterfest gemacht haben.

Der Hügel besteht aus einem Gemisch von Fichten- und Tannennadeln, Erde und Wurzeln. Tief im Inneren verbergen sich Hunderte von Gängen. Die größten Kolonien umfassen mehrere Dutzend Hügel, die untereinander verbunden sind.

Klingeling! Der Frühling ist da. Die Waldameisen nehmen ein Sonnenbad, sobald die Außentemperatur 7 °C erreicht und der Schnee oben auf dem Nest geschmolzen ist.

Ameisenhügel sind nicht immer gleich gebaut; alles hängt vom Klima und der Bodenbeschaffenheit ab. Sie können zum Beispiel so aussehen:

Arbeiterin in Angriffshaltung: Der Hinterleib wird nach vorn gebogen, um gezielt Ameisensäure zu verspritzen.

Eine Ameise kann das 60-Fache ihres eigenen Körpergewichts ziehen oder stoßen.
Das ist so, als könntest Du drei Kühe tragen!

Die Stadt der Arbeiterinnen

Ameisen sind aufeinander angewiesen. Sie bilden eine feste soziale Gemeinschaft, sei es bei der Nahrungsbeschaffung, der Aufzucht der Brut oder der Verteidigung.

Was machen diese Arbeiterinnen? Die eine füttert die andere. Ameisen haben zwei Mägen: einen für sich und einen für die Kolonie. Letzterer wird auch Kropf oder sozialer Magen genannt.

Schon kurz nach dem Schlüpfen können die Arbeiterinnen am Alltagsbetrieb in Hügel und Kolonie teilnehmen. Im Lauf ihres Lebens üben die Arbeiterinnen mehrere Berufe aus. In den ersten 50 Tagen kümmern sie sich um die Eier und Larven und beschäftigen sich mit Reinigungsarbeiten und dem Ausbau des Nestes. Um die Larven zu ernähren, erhalten sie Futter von den Ameisen, die draußen Nahrung sammeln und durch Kropf-zu-Mund-Fütterung weitergeben. Dieses Verhalten nennt man **Trophallaxis**, und es ist für Waldameisen typisch.

Nach dieser ersten Tätigkeit wechseln Ameisen in den Außendienst: Wachdienst, Nestausbau und Nahrungsbeschaffung, wozu auch das berühmte Melken von Blattläusen gehört.

Die Blattläuse scheiden beim Saugen überschüssigen Pflanzensaft, den sogenannten Honigtau, an ihrem Hinterteil aus. Ameisen besuchen gezielt die Pflanzen, die von diesen Säftesaugern befallen sind, und sammeln den Honigtau direkt von der Blattlaus. Das ist aber für beide Seiten von Vorteil, denn die Ameisen schützen die Blattläuse auch vor Feinden.

Eine Arbeiterin sammelt einen Honigtautropfen am Hinterleib einer Blattlaus.

WILDKATZE ODER HAUSKATZE?

Zwei Ohren, die im hohen Gras auftauchen, dann ein geschmeidiger Schatten, der durchs Gestrüpp gleitet … Sicher eine Katze, aber was für eine? Hier erfährst Du, wie Du eine große Mieze von ihrer wilden Cousine unterscheiden kannst.

DIE WILDKATZE

ERNÄHRUNG: vorwiegend kleine Nager, aber auch junge Hasen und Vögel, selten Frösche, Fische und Insekten. LEBENSRAUM: hält sich meist im Wald auf, jagt aber auf Feldern und Waldlichtungen Wühlmäuse.

Die Hauskatze stammt von der Afrikanischen Wildkatze oder Falbkatze ab. Im Gegensatz zu ihr ist die Europäische Wildkatze niemals gezähmt worden. Sie ist eine wunderbare kleine Raubkatze.
Selten und geschützt, ist sie besonders durch die Massenvermehrung der Hauskatze bedroht, mit der sie sich manchmal kreuzt, sodass Mischlinge entstehen.

In freier Natur kannst Du Katzen aller Art antreffen:

- eine reinrassige Wildkatze
- eine Katze gemischter Abstammung, entstanden aus einer zufälligen Kreuzung zwischen einer Wild- und einer Hauskatze
- eine verwilderte Hauskatze
- eine typische Hauskatze

Selbst wenn eine Hauskatze ihr Katzenfutter liebt, bleibt sie doch ihrem Wesen nach eine kühne Jägerin, die im Garten und auf dem Feld großen Schaden anrichten kann. Um zu verhindern, dass sie vor allem im Frühling Vögel fängt, sollte man ihr ein Glöckchen umhängen.

Die Hauskatze

ERNÄHRUNG: schätzt Trockenfutter, Sardinen und Lachsmousse, von Zeit zu Zeit auch eine Maus, eine Eidechse oder einen Jungvogel. LEBENSRAUM: neben dem Herd, auf einem weichen Kissen oder auf dem Schoß ihres Halters.

DER SAGENUMWOBENE BRAUNBÄR

Rund und pummelig, doch außerordentlich kräftig, fasziniert der Europäische Braunbär Groß und Klein. Aufgerichtet kann ein kräftiges Tier eine Größe von deutlich über 2 m erreichen. Und was das Gewicht angeht, ist uns dieser Muskelprotz haushoch überlegen.

Trotz seiner Größe und seines Gewichts gelingt es dem Braunbären immer wieder, mit uns Verstecken zu spielen: Nur selten kommt es zu einem Zusammentreffen zwischen Bär und Mensch.

Dieser intelligente und neugierige Koloss findet sich immer zurecht; zudem ist er sehr sportlich: Er kann schwimmen, springen und klettern. Nichts kann ihn aufhalten.

KÖNIG DER WÄLDER

Der Braunbär ist der Herrscher der Wälder. Dank gutem Gehör und ausgezeichnetem Geruchssinn kann er sich in seinem Lebensraum sicher orientieren. Man findet ihn vor allem in Osteuropa, bei uns ist er so gut wie verschwunden.

In Deutschland wurde der letzte Braunbär 1835 getötet, in der Schweiz 1904. Der Mensch, sein einziger Feind, hat ihn hier ausgerottet.

Die Abholzung der Wälder und damit immer kleiner werdende Bärenreviere, die Angst ums Vieh und die Furcht vor Angriffen auf Menschen sind dafür verantwortlich, dass der Braunbär ausgerottet wurde. Davon sind jedenfalls viele der Organisationen überzeugt, die sich für eine Wiederansiedlung der Bären einsetzen.

In mehreren europäischen Ländern, wie Italien, Frankreich und der Schweiz, werden solche Wiederansiedlungsversuche durchgeführt. Leider sind sie nicht immer von Erfolg gekrönt. Die Tiere müssen dann umgesiedelt oder abgeschossen werden.

Das Zusammenleben von Bär und Mensch ist zwar möglich, aber nicht unproblematisch.

Die nächsten Verwandten
Es gibt acht Bärenarten. Von ihnen ist der Große Panda stark gefährdet; Eis-, Kragen-, Brillen-, Lippen- und Malaienbär sind gefährdet. Ihr Lebensraum verschwindet mit beängstigender Geschwindigkeit.

Fellknäuel
Alle 2–3 Jahre bringt die Braunbärin 1–3 Junge zur Welt. Bei ihrer Geburt wiegen die Kleinen nur 300 g, kaum mehr als ein Eichhörnchen. Bis zu ihrem 1. Geburtstag bringen es diese dicken Fellknäuel jedoch schon auf 15 kg, etwa so viel, wie Du mit 3–4 Jahren gewogen hast.

Teddybär
Der erste Plüsch-Teddy wurde 1902 in den USA geboren. Während einer Jagdpartie weigerte sich der damalige amerikanische Präsident Theodore Roosevelt, ein Bärenjunges zu erschießen. Daraufhin entschied sich ein Künstlerpaar, einen kleinen Plüschbären namens Teddy (so wurde der Präsident im Freundeskreis genannt) zu schaffen.

… und der Berliner Bär
Im selben Jahr erfand Margarete Steiff die deutsche Version des Plüschbären. Er wurde als Steiff-Bär bekannt und ein voller Erfolg.

IMMER EINEN GUTEN APPETIT

Der Bär frisst, frisst und frisst! Dieser verfressene Gesell verbringt mehr als die Hälfte des Tages mit Nahrungssuche.

Der Bär verschlingt alles Essbare, was er zu fassen bekommt, und passt sich dabei den Jahreszeiten an. Das Leckermaul hebt sogar große Steine an, um sich die darunter wohnenden Ameisen schmecken zu lassen. Mit seinen Krallen kann er Wurzeln und Knollen ausgraben. Und er weidet Gras und Blumen ab wie eine Kuh. Das ist wirklich verrückt!

Dieser Sohlengänger kennt sein Revier in- und auswendig und legt viele Kilometer zurück, um Beeren, Insektennester und andere Leckereien zu finden. Hoch aufgerichtet, die Nase im Wind, spürt der Bär über den Geruch auch Bienenstöcke auf, um den köstlichen Honig zu schlecken.

Und was ist mit Fleisch? Dieser Koloss mit dem großen Magen ist einer Fleischmahlzeit durchaus nicht abgeneigt, aber er jagt nicht wie Luchs oder Wolf. Er greift leichte oder schwache Beute an und verschmäht auch Aas nicht. Der Bär ist ein Allesfresser und nimmt wie wir von allem etwas.

Toilettensitten

Wie halten es die Bären mit ihrem Urin und Kot? Ganz gleich, ob Weibchen oder Männchen, man stellt sich zur Erledigung des Geschäfts aufrecht hin!

Vielfraß

Um sich auf seine Winterruhe vorzubereiten, verschlingt der Bär pro Tag mehr als 20 000 Kilokalorien. Das entspricht 40 Tafeln Milchschokolade.

Zeit für ein Nickerchen!

Tagsüber hält der Bär sehr gern ein Nickerchen. Er richtet sich dazu ein Lager in einer kleinen Ecke an der frischen Luft ein.

Sohlengänger

Ganz gleich, ob aufgerichtet oder auf vier Tatzen – der Bär läuft auf dieselbe Weise wie ein Mensch, indem er den ganzen Fuß auf den Boden setzt. Er ist ein Sohlengänger wie Igel und Dachs.

Ein Bärenleben im Jahreslauf

Der Braunbär ist ein Einzelgänger. Die Gesellschaft seiner Artgenossen sucht er nur in der Paarungszeit zwischen Mai und Juli.

Im **Frühjahr** heißt es aufstehen! Der Magen knurrt. Während der Winterruhe kann der Braunbär bis zur Hälfte seines Körpergewichts verlieren. Um seinen Magen zu füllen, macht er sich auf die Suche nach Aas. In dieser Jahreszeit bestehen jedoch 80 % seiner Nahrung aus Pflanzenkost.

Im **Sommer** ist Paarungszeit. Die Kämpfe zwischen Rivalen können heftig sein, denn Bären sind außerordentlich kräftig. Schmusen steht jedoch auch auf dem Programm. Im Januar/Februar bringt die Bärin in ihrer warmen Höhle 1–3 Junge zur Welt.

Um genügend Fettpolster für den Winter anzulegen, stopft sich der Bär im **Herbst** den Wanst voll. Er sucht sich einen guten Platz für die Winterruhe, sei es ein Loch im Boden oder in einer Böschung oder eine Felshöhle. Hier säugt die Bärin ihre Jungen bis April. Das Männchen verlässt seinen Unterschlupf schon ab Februar.

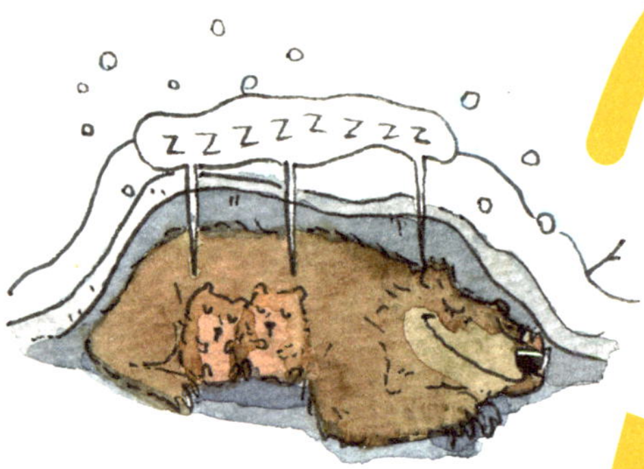

Bären halten eine **Winterruhe**. Sie verbringen die kalte Jahreszeit in einem Unterschlupf, schlafen aber nicht die ganze Zeit. Sie nehmen keine Nahrung zu sich und verrichten auch ihr Geschäft nicht. Werden sie gestört, kann es sein, dass sie «umziehen» und sich einen anderen Unterschlupf suchen. Murmeltiere halten einen echten Winterschlaf. Sie schlafen bis zum Frühjahr durch.

Mauer- oder Zauneidechse?

Diese beiden Reptilien wärmen sich, da sie wechselwarm sind, gern in der Sonne auf. Welche von beiden ist es, die gerade in der Steinritze verschwindet?

Die Mauereidechse

LÄNGE: unter 20 cm. GELEGE: 2–10 Eier.
BESONDERHEIT: Neugierig und wenig scheu, erklettert alles, was sich besteigen lässt, und lebt oft in der Nähe von Häusern.

Die meisten Eidechsen haben eine spezielle Technik entwickelt, um Feinden zu entkommen. Sie können ihre Schwanzspitze abwerfen, um ihre Haut zu retten. Es dauert ein wenig, bis die Spitze nachwächst und sie wieder wie eine richtige Eidechse aussehen.

Die Zauneidechse liebt lockere Böden wie in Moor- und Heidegebieten und sandige Plätze, um dort ihre Eier abzulegen.
Die Mauereidechse kann ihre Eier zwischen oder unter Steine legen. Ihr Lebensraum ist abwechslungsreicher; sie ist oft in Gärten, Mauerspalten und auf Geröllhalden anzutreffen.

DIE ZAUNEIDECHSE

LÄNGE: 20–25 cm. GELEGE: 9–14 Eier.
BESONDERHEIT: Nach der Paarung weicht das Männchen dem Weibchen nicht von der Seite. Sehr eifersüchtig, folgt ihm auf Schritt und Tritt, um zu verhindern, dass ein anderes Männchen Interesse zeigt.

DER STAR, EIN SCHLAUMEIER!

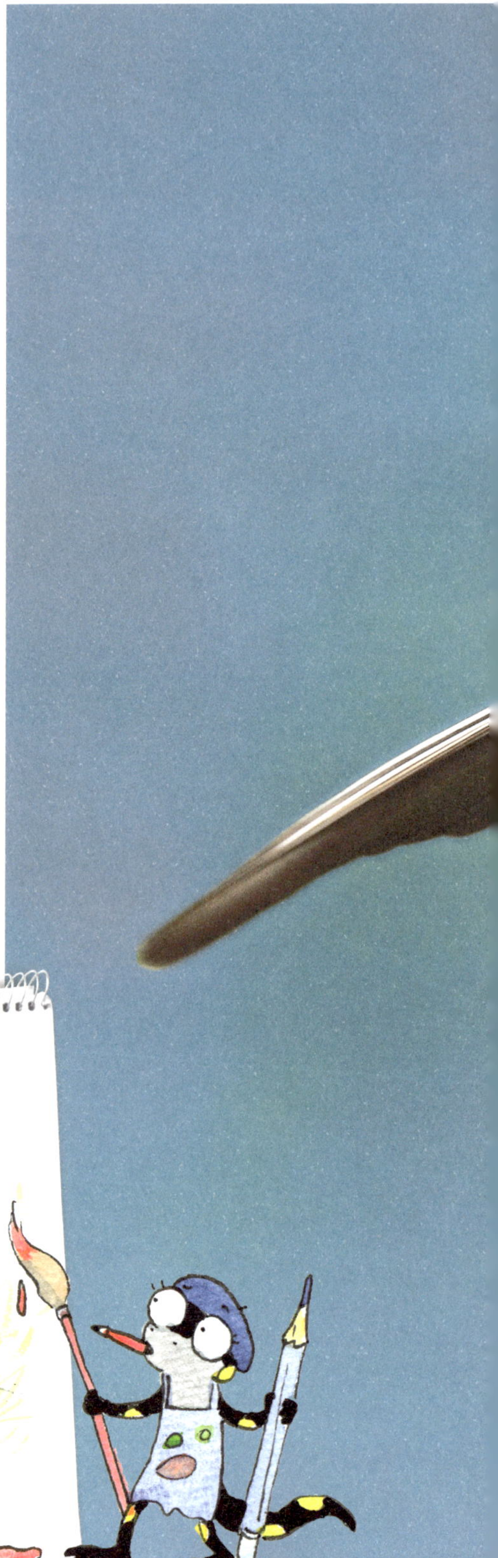

Komm mit mir hinaus ins Grüne, um einen tollen Vogel kennenzulernen. Aber nimm unbedingt auch ein Heft, Stifte und Pinsel mit. Und mach Dich beim Star auf Überraschungen gefasst: Er ahmt andere Vögel nach und ist ein Meister der Anpassung.

Im Herbst lässt sich der Star Äpfel und anderes Obst schmecken.

FRÜCHTE ZUM NACHTISCH

Der Star frisst vor allem Insekten; im Herbst stopft er sich den Wanst mit Früchten voll.

29. September 2009, 10.18 Uhr, in den Weinbergen: Die Stare machen einen unglaublichen Krach, auch der Winzer schimpft über die Stare – nächstes Jahr wird er Netze spannen, um die Traubenernte zu schützen.

Er hat recht, die Stare hinterlassen überall angefressene Trauben und Vogelkot. Bis in den Winter machen

Auf den Viehweiden finden die Stare massenhaft Insekten.

Der Sperber versucht, einen Star zu fangen.

sich die Vögel über Pflaumen, Holunderbeeren, Äpfel, Brombeeren und etliche andere Früchte her.
Wenn der Boden schließlich zu hart gefroren ist, um an Insektenlarven zu gelangen, wird der Star erfinderisch. Er bedient sich am Futtertrog von Schweinen oder an Müllsäcken vor dem Haus – der Star ist ein Lebenskünstler und sehr anpassungsfähig.

30. Oktober, 13.08 Uhr: Eisiger Wind fegt über das Land; nur 4 Stare sind zu sehen. Die anderen sind zum Überwintern in weniger kalte Gegenden gezogen.

Egal, ob um Körner, Würmer oder den besten Platz – Stare zanken sich gerne.

Die fliegende Wolke

Wie bringen sie nur ihre koordinierten Flugmanöver zustande, so schnell und dicht gedrängt? Das müssen wir uns genauer ansehen!

15. August 2010, 6.50 Uhr, am Seeufer: Das Schilfgebiet am Seeufer dient den Staren als Schlafplatz. Die Sonne geht auf und die Stare erwachen – aufgeregt, wie üblich. Was für ein Krach! Aber plötzlich rührt sich nichts mehr – was ist los? Ein Sperber?

In einer einzigen Bewegung fliegen die Stare auf und eine Vogelwolke erhebt sich zum Himmel. Was für ein atemberaubendes Spektakel! In perfekter Synchronisation bewegen sie sich wie ein einziger Körper, als folgten sie einer einstudierten Choreografie. Sie fliegen in erstaunlichen Formationen, ohne dass sie einen Anführer hätten. Bogen nach links, Schleife nach rechts, immer in einer einzigen fließenden Bewegung. Jeder Star macht das nach, was seine Nachbarn tun, als ob sie miteinander verbunden wären. Dieser Schwarmeffekt ist zur Abwehr von Fressfeinden sehr wirksam, denn es ist für den Angreifer schwierig, einen einzelnen Vogel gezielt aus der Masse herauszugreifen.

Der Schwarm ist beim Abflug vom Schlafplatz sehr kompakt, lockert aber auf, je weiter er fliegt. Nach und nach sondern sich Trupps vom Hauptschwarm ab, um nach Nahrung zu suchen.

Die Männchen singen von den Baumspitzen aus, sträuben dabei das Gefieder und flattern mit den Flügeln.

19.50 Uhr: Die Stare kehren an denselben Schlafplatz zurück – und fangen an, sich um die besten Plätze zu streiten: weder zu hoch noch zu tief darf es sein.

Die engstehenden Augen sind leicht vorgewölbt, so kann er die Nahrung unter dem Schnabel besser sehen.

Ein gut gelauntes Energiebündel

Im Frühling zeigt der Vogel sein Nachahmungstalent; dann schimmert auch sein Gefieder metallisch glänzend.

13. Februar 2011, 11.20 Uhr, auf der Wiese beim alten Baum: Die ersten Starentrupps kehren aus dem Winterquartier zurück. Manche bleiben zum Brüten hier, andere ziehen weiter nach Osten.

Wenn das Starenmännchen singt, muss man seine Virtuosität und sein Nachahmungstalent bewundern. Hier ein Männchen, das einen Bussard oder eine Schwalbe imitiert, dort wird ein Blässhuhn oder ein Milan nachgeahmt. Sogar exotische «Vögel» wie Handy-Geklingel oder Autohupe gehören zum Repertoire.
Die Männchen betätigen sich auch als Dekorateure, um ihre Chancen bei den Weibchen zu verbessern, und legen zudem mehrere Nester an.

Hier inspiziert ein Weibchen gerade die Höhle im alten Baum. Das Männchen kommt dazu und die beiden finden sich. Hoffentlich gibt es bald ein Gelege!

Stare verwenden beim Nestbau alles, was sie finden können: Plastikfetzen, Halme, Ästchen, Federn und Blumen.

Das Weibchen schiebt das Nistmaterial mit der Brust und mit abgespreizten Flügeln zu einer Nestmulde zusammen.

16. April, 15.10 Uhr: Endlich liegen 5 Eier im Nest! Die Vogeleltern wechseln sich mit dem Bebrüten ab. In 15–20 Tagen werden die Kleinen schlüpfen.

3. Mai, 8.50 Uhr: Die Bettelrufe der Kleinen sind zu hören. Unablässig schaffen die Eltern Futter für die Nestlinge heran, eine Knochenarbeit! Und dazu kommen noch die Putzdienste – der Kot der Jungen muss aus dem Nest geschafft werden.

1. Juni, 14.38 Uhr: Die Jungen fliegen zum ersten Mal aus. Hals und Beinbruch, ihr Stare!

Der Star verteidigt seine Nestumgebung mit großem Elan.

WEINBERGSCHNECKE ODER GEFLECKTE WEINBERGSCHNECKE?

Die Weinbergschnecke gräbt ein Loch in den Boden, in dem sie überwintert, während sich die Gefleckte Weinbergschnecke an eine Mauer oder einen Stein anheftet. Hier erfährst Du, wie man die beiden Cousinen unterscheiden kann.

DIE WEINBERGSCHNECKE

ERNÄHRUNG: frische Blätter, aber auch welke Pflanzenteile.
LEBENSRAUM: in Gehölzen, Heckenrainen, in Grasland und Weinbergen.

Für manche Leute sind Weinbergschnecken Leckerbissen, die man mit einer guten Sauce verzehrt. Für andere sind sie wie Gummistückchen, schleimig und abstoßend. Eines ist jedoch sicher: Aufgrund der intensiven Sammeltätigkeit sind die beiden in der Schweiz geschützten Schneckenarten immer seltener geworden. In Deutschland ist die Weinbergschnecke ebenfalls geschützt, ihre Cousine kommt so gut wie nicht vor. Um Geschäfte und Restaurants zu beliefern, ohne die beiden Arten auszurotten, werden sie heute auf Schneckenfarmen gezüchtet; das nennt man Helikultur.

Schnecken reagieren kaum auf giftige Substanzen. Sie fressen alles, was sie finden, ob giftig oder ungiftig, und fühlen sich anschließend kein bisschen schlechter. Als Anzeiger für Umweltbelastungen sind sie daher denkbar ungeeignet und können sogar selbst Giftstoffe enthalten, wenn sie diese mit der Nahrung aufgenommen haben.

Die Gefleckte Weinbergschnecke lebt höchtens 5 Jahre, während es die Weinbergschnecke auf 20 Jahre bringen kann!

DIE GEFLECKTE WEINBERGSCHNECKE

ERNÄHRUNG: Pflanzenkost, liebt Brennnesselblätter.
LEBENSRAUM: in Gärten, Parks, Gehölzen, Heckenrainen und Dünen. In Deutschland bisher kaum verbreitet.

WINTER

BÄRTIERCHEN • LUCHS • GRAUREIHER

GIMPEL (DOMPFAFF) ODER BUCHFINK?

HERR ODER FRAU AMSEL?

SCHNEEGLÖCKCHEN ODER MÄRZENBECHER?

KLEIN, ABER KRÄFTIG

Acht Beine mit Krallen, ein winziger, pummeliger Körper: Bärtierchen (auch Wasserbären genannt) erinnern an kleine Monster. Um sie zu finden, muss man Moospolster in Mauerspalten oder an Bäumen absuchen. Mit bloßem Auge lassen sich die kleinen Kerle jedoch nicht entdecken. Wenn Du diese Bärtierchen sehen willst, brauchst Du eine starke Lupe und ein wenig Glück.

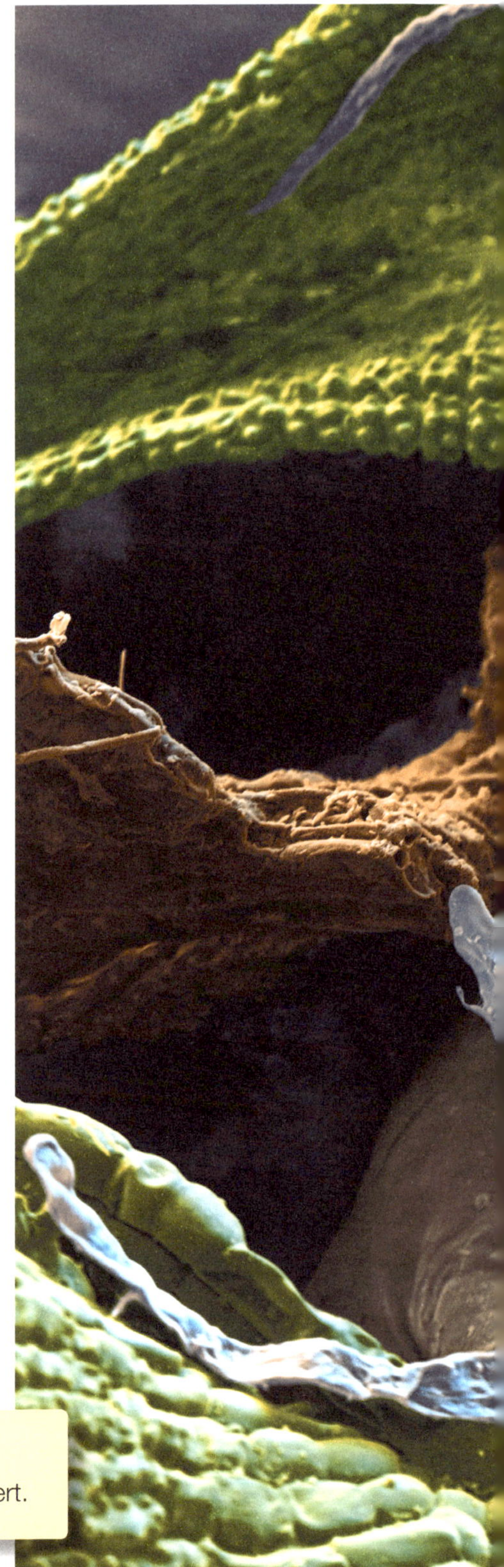

Bärtierchen
800x vergrößert.

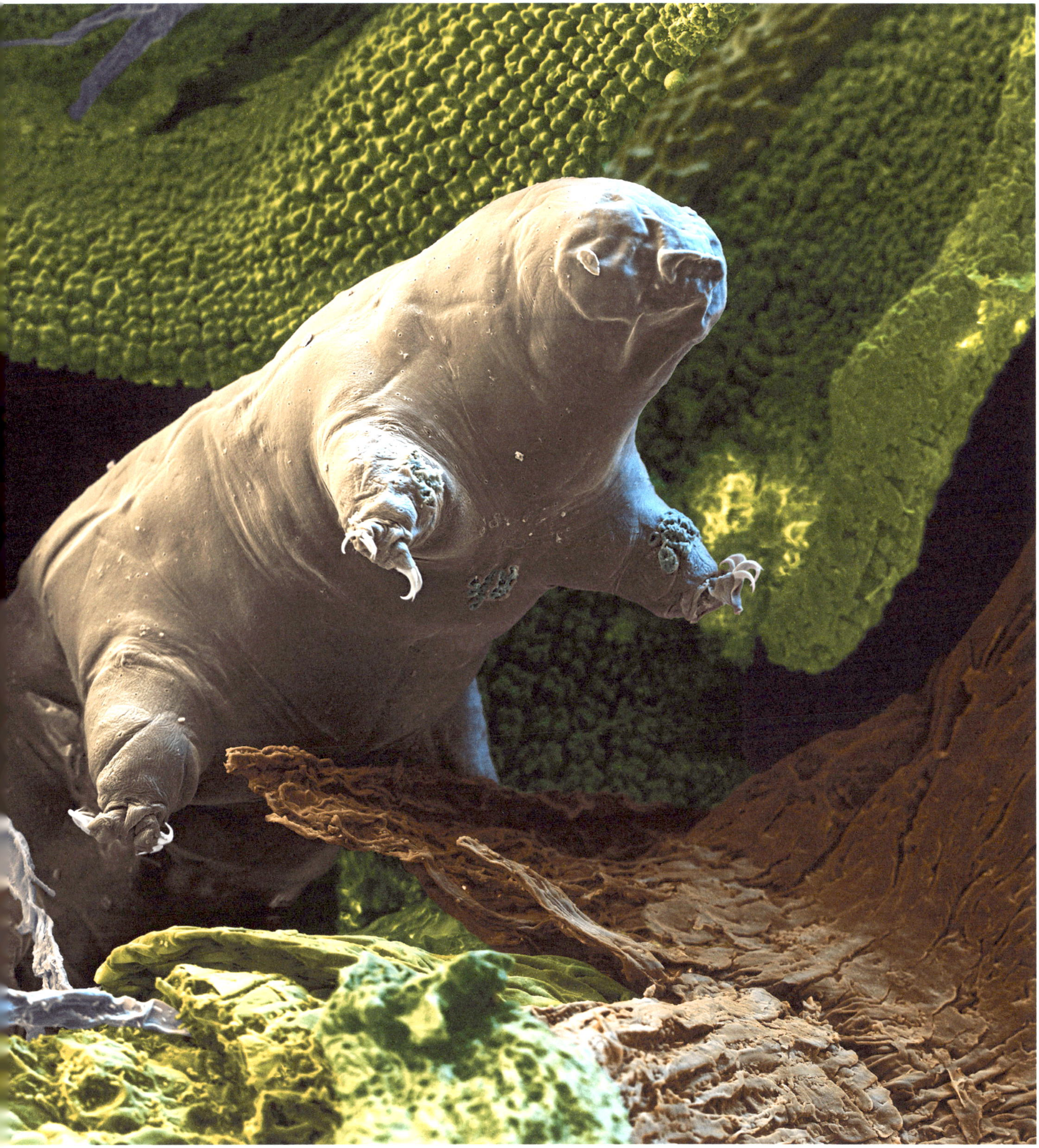

Ein komisches Bärchen

In feuchtem Moos kann man Bärtierchen zwischen all den anderen mikroskopisch kleinen Moosbewohnern finden. Stell Dir die Welt des Regenwalds vor, nur dass dieser Wald winzig ist.

Martin Mach, der sich brennend für diese kleinen Monster interessiert, untersucht ein Moospolster auf Bärtierchen. Moospolster, die modrig riechen, bringen aber nichts.

Bärtierchen sind durchsichtig und erinnern an einen Miniaturpanzer; sie sind 15 Mal kleiner als eine Waldameise. Wie wir haben sie Muskeln, Kopf, Gehirn, Augen, Füße, Mundöffnung, Nerven und sogar Krallen.

Bärtierchen ernähren sich von Moosen und Algen. Wir kennen rund 700 Bärtierchen-Arten; darunter sind auch einige Fleischfresser, die selbst vor ihresgleichen nicht haltmachen.

Was ist eigentlich dieses grüne Zeug im Magen des Tierchens? Es handelt sich um seine letzte Moosmahlzeit, die gerade verdaut wird. Bevor es zur Ausscheidung kommt, verfärbt sich die grüne Masse erst gelb und dann braun.

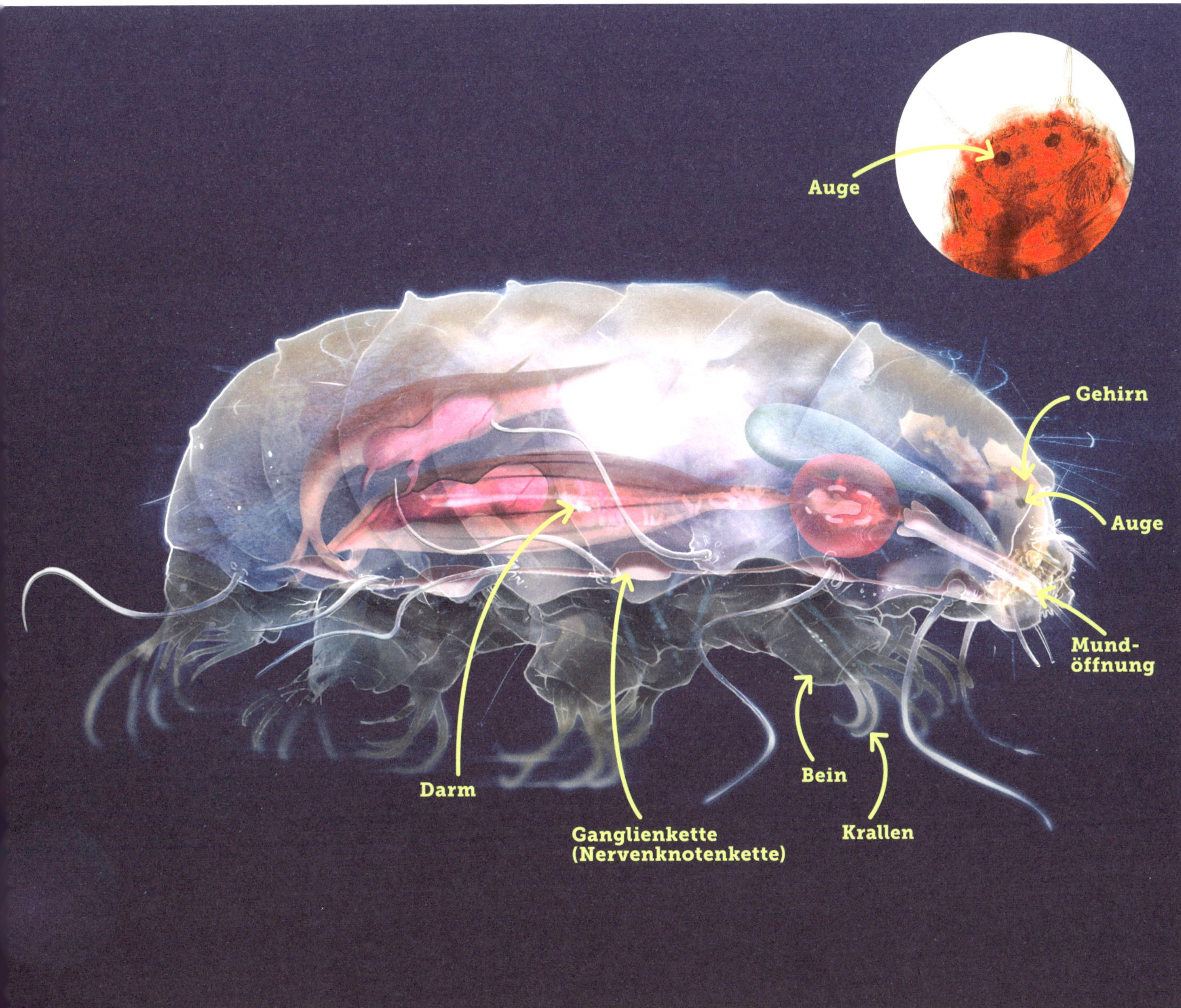

Trödelfritzen

Bärtierchen sind wirklich keine Schnellläufer. Wir brauchen für eine Strecke von einem Meter nicht einmal zwei Sekunden. Ein Bärtierchen benötigt für diese Entfernung mindestens drei Stunden!

Feinde

Bärtierchen werden manchmal von Lebewesen angegriffen, die noch kleiner sind als sie selbst. Bakterien können durch die Haut der Tiere dringen. Dort im Inneren des Bärtierchens vermehren sich die Parasiten solange, bis es stirbt.

Frauenüberschuss

Bei Bärtierchen sind Männchen selten. Auf 90 Weibchen kommen nicht einmal 10 Männchen. Noch erstaunlicher ist, dass einige Bärtierchen gleichzeitig Männchen und Weibchen sind; sie sind Zwitter wie unsere Weinbergschnecken.

Gar nicht schlecht!

Batman, Superman oder auch Spiderman können mit «Bärtierchen-Man» nicht mithalten. Um extreme Umweltbedingungen zu überleben, kann sich unser winziger Held in ein Tönnchen verwandeln.

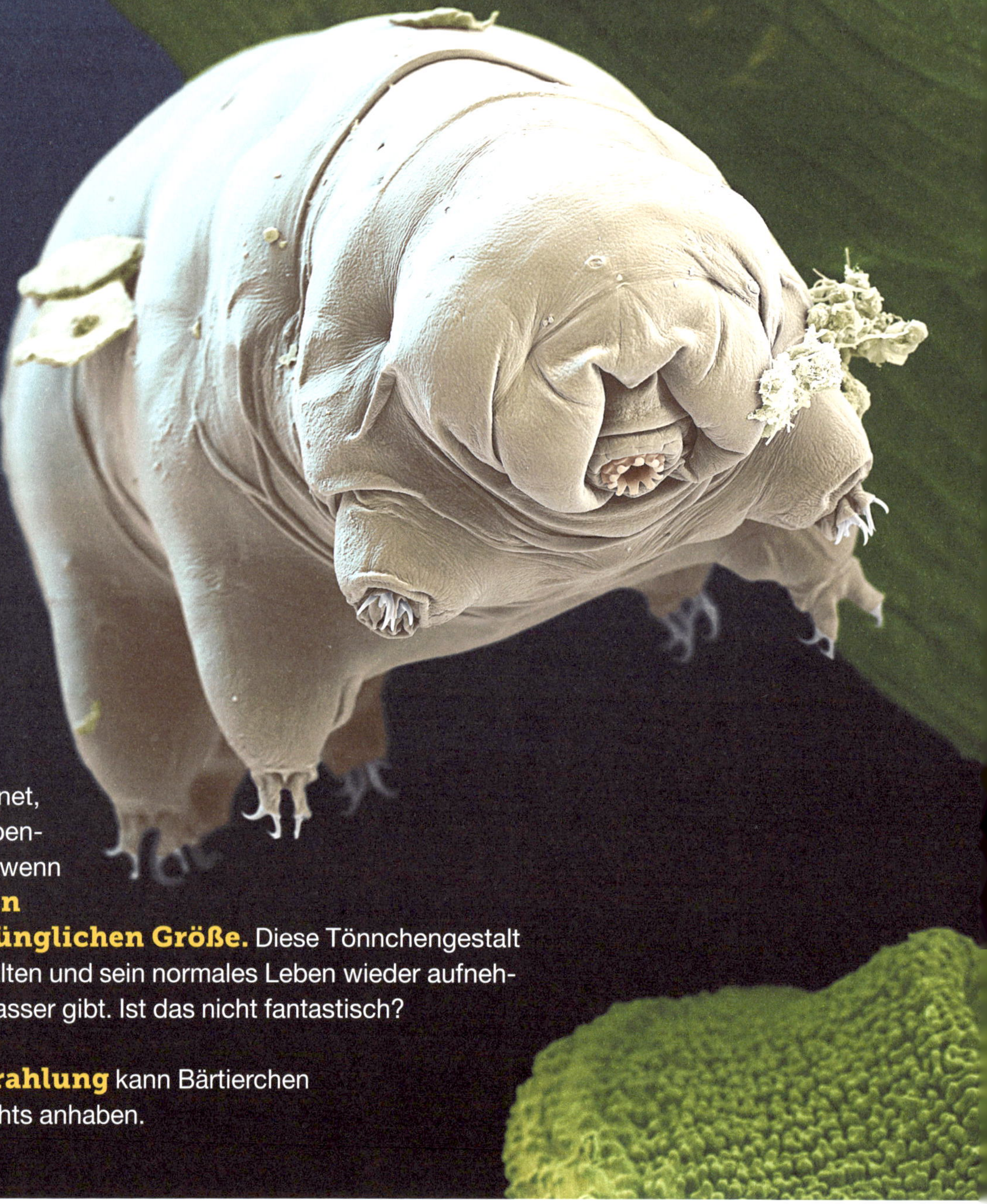

Wenn das Moos austrocknet, trocknet der Superheld ebenfalls aus und schrumpft – wenn es sein muss, **bis auf ein Viertel seiner ursprünglichen Größe.** Diese Tönnchengestalt kann er jahrelang beibehalten und sein normales Leben wieder aufnehmen, sobald es wieder Wasser gibt. Ist das nicht fantastisch?

Selbst **radioaktive Strahlung** kann Bärtierchen in ihrer Tönnchenform nichts anhaben.

Unser Superheld kann **extremen Temperaturen** widerstehen. Weder Eiseskälte noch sengende Hitze machen ihm etwas aus.

Hungern birgt für ihn ebenfalls keinen Schrecken: Er schrumpft in seiner alten Haut zusammen und fährt alle Lebensaktivitäten zurück, um seine Energiereserven zu schonen.

Eis und Schnee? Kein Problem. Sobald sich die Temperatur wieder normalisiert, ist er – hopp! – wieder auf den Beinen.

Lösungsmittel und Säuren machen ihm nichts aus. Wirklich ein zähes Kerlchen!

Vom Winde verweht

Wie haben sie die ganze Welt besiedelt? Indem sie sich Wind und Wellen anvertraut haben. Die Eier und die Tönnchen der Bärtierchen können über riesige Entfernungen verdriftet werden!

Geheimwaffe

Die Bärtierchen haben zwei nadelscharfe Stilette, mit denen sie Algen anstechen oder ihre tierische Beute durchbohren. Mit diesen kanülenartigen Mundwerkzeugen saugen sie dann Pflanzenzellen oder den Körperinhalt ihrer Beute aus.

Sehr hübsche Eier

Die Weibchen legen höchstens 30–40 Eier, die auch extreme Umweltbedingungen überstehen können.

Die Jungen schlüpfen ein paar Wochen nach der Eiablage.

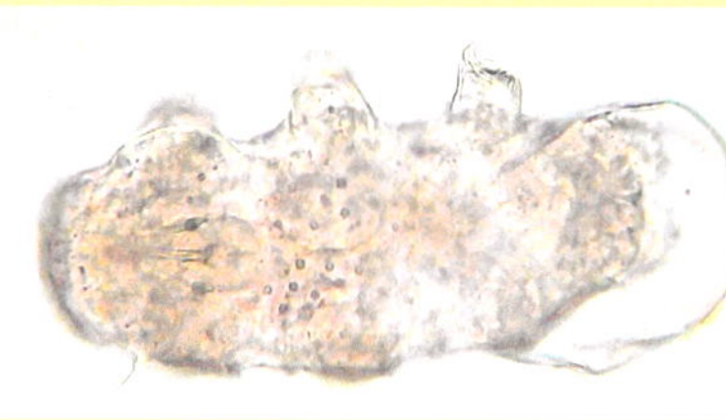

PLANET DER BÄRTIERCHEN

Die Bärtierchen wohnen nicht nur im Moos gleich nebenan. Sie haben sämtliche Winkel der Erde erobert, von den höchsten Berggipfeln bis zum tiefsten Meeresgrund.

Wälder: Sie sind Teil der biologischen Bodenaktivität. Unbezwingbar, diese komischen Kerlchen!

Hochgebirge: In 6000 m Höhe besiedeln Bärtierchen Moose und Flechten.

Tiefsee: Sie leben am Meeresgrund in bis zu 6000 m Tiefe. Geradezu unglaublich für ein Tier, das nicht einmal schwimmen kann!

Weltall: Für wissenschaftliche Experimente hat man sie in den Weltraum geschossen. Konnten sie im absoluten Vakuum des Alls überleben? Na klar! *Wer* ist also der Stärkste?

Pole: In der Antarktis oder in Grönland entwickeln sich die Bärtierchen in kleinen Wasserlachen, die die Sonne ins Eis schmilzt.

Strand: Einige sehr kleine Bärtierchen lieben auch das Strandleben. Zwischen Sandkörnern zu hausen, gefällt ihnen prächtig.

GIMPEL (DOMPFAFF) ODER BUCHFINK?

Diese beiden farbenfrohen kleinen Vögel leben in Bäumen. Mit etwas Geduld kannst Du sie beim Futterhaus beobachten. Hier ihre Steckbriefe, damit Du sie sofort erkennst:

DER GIMPEL

STIMME: weicher und melancholischer, einsilbiger Ruf. NEST: aus kleinen Zweigen, hoch oben in Nadelbäumen. LEBENSRAUM: Nadelwälder, vor allem Fichten, taucht aber regelmäßig in Parks, Gärten und Hecken auf. NAHRUNG: Sämereien und Knospen. AUSSEHEN: gedrungen und kräftig; der Name Dompfaff bezieht sich auf die schwarze Kappe, wie sie früher von Priestern («Pfaffen») getragen wurde.

Der Gimpel ist zwar scheu, wagt sich aber trotzdem in Obstgärten. Dort verzehrt er die Knospen der Obstbäume. Im Winter kommt er bei starker Kälte auch ans Futterhäuschen.

Der Buchfink ist bei uns einer der häufigsten Brutvögel und gehört ganzjährig zu den «Top Ten» der Gartenvögel (die bei uns von Haussperling und Amsel angeführt werden).

Diese beiden Vogelarten sind Teilzieher, das heißt, manche Tiere ziehen im Herbst in wärmere Gegenden, während andere das ganze Jahr über am selben Ort bleiben. Deshalb kannst Du selbst im tiefsten Winter Gimpel und Buchfinken beobachten.

DER BUCHFINK

STIMME: lauter, durchdringender Gesang, der unablässig wiederholt wird. NEST: gut getarntes Baumnest, aus Moos, Flechten und Halmen gebaut. LEBENSRAUM: Wälder, Parks und Gärten. NAHRUNG: Sämereien, Spinnen, Raupen, Fluginsekten und kleine Früchte.

AUSSEHEN: schlanker als Gimpel.

DEM LUCHS AUF DER SPUR

In der Dunkelheit schleicht ein scheues Tier zwischen den Bäumen und Felsen umher. Jede Nacht zieht der Luchs aus, um sein ausgedehntes Waldrevier zu erkunden, wobei er manchmal mehr als 20 km zurücklegt. Von seiner nächtlichen Wanderung zeugen einige Fußabdrücke, Haarbüschel oder Überreste seiner Beute. Oft sind dies die einzigen Hinweise, die verraten, dass hier ein Luchs lebt, denn seine Heimlichkeit und seine große Mobilität machen es sehr schwer, ihn direkt zu beobachten.

Machen wir uns auf, diesen verstohlenen Jäger zu treffen, der wieder in den Wäldern von Vogesen, Jura, Alpen, Bayerischem Wald, Spessart und Harz zuhause ist.

LUCHS, WO BIST DU?

Einem Luchs zu begegnen, erfordert viel Geduld und Glück. Nur wenigen ist es schon einmal gelungen, ihn zu beobachten. Diese Raubkatze, die für den Menschen völlig ungefährlich ist, versteht es sehr geschickt, unbemerkt zu bleiben und sich an ihren bewaldeten Lebensraum anzupassen.

Unbeweglich hinter einem Busch oder auf den Boden gekauert, verschmilzt die Raubkatze dank ihres gefleckten Fells im Wald mit ihrer Umgebung. Jeder Luchs ist anders gemustert. Mit seinen langen Läufen und seinen kräftigen Pranken kann er problemlos weite Strecken zurücklegen und große Sätze machen: Sprünge von bis zu 7 m sind gemessen worden!

Auf dem Boden sorgen seine Fußballen für einen lautlosen Gang. Während er läuft, zieht der Luchs seine Krallen wie eine Hauskatze ein. Er fährt sie aus, um Beute zu packen oder um sein Revier durch Kratzspuren an Baumstämmen zu markieren.

Im Winter wird sein ganzes Fell bis hinab zu den Pranken dichter. Daher kann er sich viele Stunden in der Kälte bewegen, ohne zu frieren. Seine großen Pfoten wirken wie Schneeschuhe und verhindern, dass er zu tief in den Schnee einsinkt.

Außerdem kann der Luchs auch ausgezeichnet sehen, hören und riechen. Er nutzt seinen Geruchssinn, um festzustellen, wo sich Artgenossen und ihre Reviere befinden. Sein Gehör erlaubt ihm, seine Beute aufzuspüren. Und die Raubkatze sieht nachts sehr gut, noch besser als eine Hauskatze. Daher spricht man auch von «Luchsaugen», wenn jemand sehr gut sehen kann.

Der **Eurasische Luchs** gehört zur Familie der Katzen. Ausgewachsen ist er etwa so groß wie ein Deutscher Schäferhund. Durch folgende Merkmale, die nur er besitzt, unterscheidet er sich eindeutig von Haus- und Wildkatzen:

1. Stummelschwanz: nur 15–25 cm lang, mit schwarzer Spitze.
2. Pinselohren: Die schwarzen Haarpinsel helfen ihm, besser zu hören, aus welcher Richtung die Geräusches des Waldes kommen.
3. Auffälliger Backenbart: Durch Sträuben drücken die Tiere möglicherweise ihre Stimmung aus, vermutlich dient er aber auch dazu, den Schall zu reflektieren.

JAGDSTRATEGIE

Schnell, unauffällig und geduldig – der Luchs ist ein geborener Jäger. Er steht an der Spitze der Nahrungskette, denn er hat abgesehen vom Menschen keinen natürlichen Feind. Dieser Fleischfresser schwärmt für Rehwild, nimmt aber auch mit kleinerer Beute wie Hasen oder anderen kleinen Säugetieren vorlieb.

Diese Raubkatze geht nachts auf Jagd. Um seine Beute zu beobachten, bevorzugt der Luchs den Waldrand. Hat er ein Reh ausfindig gemacht, bringt er sich in Position. Er schleicht sich ganz langsam und geduckt an. Wird die Beute aufmerksam, drückt sich der Luchs an den Boden oder steht ganz still. Wenn er sich seiner Sache schließlich sicher ist, erfolgt der Angriff. Mit ein paar Sprüngen erreicht er das Reh, schlägt ihm seine Krallen in die Seite, reißt es zu Boden und beißt ihm die Kehle durch. Bei kleineren Tieren reicht ein Biss in den Nacken aus, um ihnen das Genick zu brechen. Doch nicht selten verfehlt der Luchs sein Ziel. Sein relativ kleines Herz erlaubt ihm keine langen Verfolgungsjagden. Dann wartet er lieber auf die nächste Gelegenheit.

Eine einzige Nacht genügt nicht, um eine Gämse oder ein Reh ganz aufzufressen. Der Luchs schlingt ein paar Kilo herunter und versteckt dann den Rest des Kadavers unter Laub und Erde. Wenn er nicht gestört wird, kehrt er mehrere Nächte hintereinander zurück, um weiterzufressen. Natürlich lockt so ein Kadaver auch Aasfresser an. Füchse, Wildkatzen, Wildschweine, Greifvögel, Rabenvögel oder Wölfe bedienen sich aus seiner Vorratskammer. Wenn seine Beute von diesen «Mitessern» zu stark angefressen wird, rührt er sie nicht mehr an und geht erneut auf Jagd. Solange genügend Beute vorhanden ist, frisst der Luchs vorwiegend das, was er selbst tötet. Er spielt eine wichtige Rolle im Naturhaushalt, denn er trägt dazu bei, den Wildbestand im Wald auf natürliche Weise zu regulieren.

NICHT IMMER EINSAM

Der Luchs regiert allein in seinem Revier, nur zu ganz bestimmten Gelegenheiten teilt er es mit seinesgleichen: in der Paarungszeit und wenn die Luchsin ihre Jungen aufzieht.

Dass er ein Einzelgänger ist, hindert ihn nicht daran, mit seinen Artgenossen zu kommunizieren. Um seine Anwesenheit anzuzeigen, hinterlässt er seine Krallenspuren an Baumstämmen, reibt sich an harten Flächen, sodass Haarbüschel zurückbleiben, oder setzt Duftmarken mit seinem streng riechenden Urin. Damit bespritzt er Wurzelstöcke und Steine in Nasenhöhe, wo der Geruch leicht wahrgenommen werden kann. Diese Duftmarke ist so etwas wie ein Personalausweis, der anderen Luchsen sagt: Das bin ich, und das hier ist mein Reich!

Zwischen Februar und Mitte April ändert der Luchs seinen nächtlichen und einzelgängerischen Lebensstil. Das Weibchen akzeptiert die Begleitung eines Männchens über mehrere Tage. Es lässt das Männchen an seinem Urin schnuppern. In dieser Zeit der Liebe – Fachleute sprechen von Paarungszeit oder Ranz – bleibt

das Paar tagsüber munter. Nach der Paarung kehrt das Männchen in sein eigenes Revier zurück.

Im Mai oder Juni werden an einem geschützten Ort, wie einer Felshöhle oder unter einem Wurzelteller, 1–4 noch blinde Luchsjunge geboren. Ihre Mutter spielt viel mit ihnen. Nach einigen Wochen nimmt sie die Jungen mit auf die Jagd. Nach etwa einem Jahr verlassen die jungen Luchse die Mutter, um ihr eigenes Leben zu führen. Das ist eine schwierige Phase, und nur diejenigen, denen es gelingt, ein eigenes Revier zu finden, haben Überlebenschancen.

Nachdem der Luchs in Westeuropa fast ausgerottet und dann wiederangesiedelt wurde, steht er heute unter Schutz. Er erobert die Wälder wieder, bleibt aber selten. In Deutschland, in Frankreich und in der Schweiz leben heute wieder einige Hundert Luchse.

Hier erfahrt Ihr noch mehr Interessantes über den Luchs: www.luchserleben.de → Luggi, der Luchs

HERR ODER FRAU AMSEL?

Amseln sind fast überall häufig, doch wie unterscheidest Du Männchen und Weibchen? Hier einige Tipps:

Der Gesang des **Amselmännchens** ist flötend, abwechslungsreich und melodisch, manchmal sogar mit einigen imitierten Lauten anderer Vögel. Die Männchen singen, um Weibchen anzulocken und Rivalen aus ihrem Revier zu vertreiben. Wenn sie aufgeschreckt werden, fliegen Amseln unter lautem Zetern davon.

DAS AMSELMÄNNCHEN

GESANG: vor allem in der Morgen- und Abenddämmerung. Von einer Singwarte aus, flötende und melodische Strophen, mit zwitscherndem Anhängsel. FORTPFLANZUNG: hilft beim Nestbau und füttert die Kleinen. VERHALTEN: besetzt lebenslang ein Revier, das es verteidigt, indem es andere Männchen einschüchtert und vertreibt.

Amselmännchen und -weibchen verteidigen ihre Nachkommen vehement; sie können sogar die Haare von Katzen ausreißen oder den Kopf allzu neugieriger Menschen attackieren.

Junge Amseln ähneln den Weibchen. Wenn Du genau hinsiehst, erkennst Du die Jungvögel an ihrem braunen Gefieder, das bis auf die Flügel heller gefleckt ist.

DAS AMSELWEIBCHEN

GESANG: selten und kaum entwickelt, nur bei der Balz. FORTPFLANZUNG: baut das Nest, bebrütet die Eier und füttert die Jungen. VERHALTEN: im Frühjahr aggressiv, wenn es auf Partner- und Reviersuche ist. Kämpfe zwischen Weibchen sind seltener, aber heftiger als zwischen Männchen.

Graureiher
auf der Jagd

Einen Graureiher zu sehen, ist nicht schwierig, aber Du benötigst Zeit, um ihn kennenzulernen. Du findest ihn fast überall, an Teichen und Seen, an Flüssen und in Auwäldern, aber auch auf Wiesen und Äckern – auf jeden Fall gibt es einen dieser großen, grauen Vögel in Deiner Nähe. Wenn Du ihn entdeckt hast, leg Dich auf die Lauer – und sei leise. Denn der Vogel mag es überhaupt nicht, wenn man sich für ihn interessiert.

1

2

DOLCHSTOß

Wenn er mit seinem dolchförmigen Schnabel ins Wasser stößt, verfehlt der Graureiher selten sein Ziel. Lektion im Fischen:

1

Mit den Füßen im Wasser, den Hals S-förmig gekrümmt, steht der Graureiher auf der Lauer. Er wirbelt den Schlamm fast gar nicht auf, selbst wenn er langsam durch das flache Wasser schreitet. Nur die Augen bewegen sich. Nichts entgeht ihm.

2

Plötzlich macht es «klatsch». Der Hals schießt nach vorne. Der Graureiher spießt einen Fisch auf – einen Aal. Es hätte ebenso gut eine Schleie oder Brasse sein können; der große Vogel ist nicht wählerisch.

3

Der Aal wehrt sich und rollt sich um den Schnabel. Der Reiher schüttelt ihn kräftig durch und verpasst ihm heftige Schnabelhiebe, um ihn zu töten. Kleinere Fische werden hochgeworfen, im Schnabel aufgefangen und sofort verschluckt!

Seine Jagdplätze

Er liebt die Ufer von Teichen, Flüssen und Seen. In den Wiesen geht der Graureiher auch auf Mäusejagd. Und mit welcher Jagdtechnik? Er wartet in Lauerstellung oder schreitet mit gespreizten Zehen langsam voran, um nicht im Schlamm einzusinken. Manchmal stürzt er sich auch kurz ins Wasser, um Beute zu fangen, die schlechter erreichbar ist.

Seine Lieblingsbeute

Er bevorzugt Fische, fängt aber auch Frösche, Ringelnattern, Kleinsäuger und Insekten. Ein ausgewachsener Graureiher wiegt 1–2 kg und benötigt pro Tag etwa 250–500 g Nahrung. Wenn ein 30 kg schweres Kind so viel wie ein Reiher äße, müsste es jeden Tag 7–8 kg in sich hineinstopfen.

Seine Tischsitten

Der Graureiher verschluckt die Fische im Ganzen und mit dem Kopf zuerst. Die Fischgräten und die Knochen von Kleinsäugern werden durch seinen sauren Magensaft zu einem Brei zersetzt. Wenn die Beute wirklich zu groß ist, zerteilt er sie vor dem Verschlucken mit dem Schnabel. Da er das Fell von Kleinsäugern und das Chitin der Insekten nicht verdauen kann, würgt er es, ähnlich wie ein Greifvogel, als Speiballen wieder aus.

Radau in den Bäumen

Die Eltern sind beim Fischfang. Im Horst machen die Babyreiher einen Höllenlärm.

Graureiher bauen ihre Horste (Nester) hoch oben in den Kronen großer Bäume und brüten meistens gemeinsam in einer Kolonie. Das Männchen sucht nach Stöcken, wenn seine Partnerin dies verlangt. Sie ist die Architektin! Die ältesten, immer wieder besetzten Horste können 1 m breit und 0,5 m hoch sein.

2 oder 3 Tage nach dem Schlüpfen

Die Kleinen schlüpfen nicht alle zur selben Zeit. Zwischen den 4 oder 5 Geschwistern derselben Brut gibt es starke Größenunterschiede. Meistens wiegen sie beim Schlüpfen 30–40 g, 40–50 Tage später sind sie flügge und wiegen 1,5 kg.

3 bis 4 Wochen

Oft fallen die Kleinsten bei Drängeleien aus dem Horst und sterben. Wenn die Elternvögel zurückkehren, wird das Gezeter ohrenbetäubend; es ist so, als ob die Jungvögel in ihrer Vogelsprache alle «Ich, Ich, ICH» riefen.

Außerdem klopfen sie mit ihren Schnäbeln an die Schnäbel der Reihereltern, worauf diese ihnen einen «Fischbrei» anbieten, der aus dem Magen in den Schnabel hochgewürgt wird, und die Jungen bedienen sich direkt aus dem Schnabel. Die größeren stoßen die kleineren Geschwister beiseite, um als erste an die Reihe zu kommen, und die schwächsten verhungern oft – das sind die harten Gesetze der Natur.

Schreihälse
Reiher machen sich durch verschiedene krächzende Rufe bemerkbar: zur Begrüßung, bei Angst und Bedrohung oder Verfolgung. Eine Reiherkolonie hört man schon von Weitem!

Standvögel …
Manche Graureiher verlassen ihr Gebiet im Winter nicht. Daheimzubleiben ist eine schwierige Entscheidung, da der Winter hart sein kann. Manchmal brechen die Populationen sehr stark zusammen – bis auf 25 %.

… oder Zugvögel
Andere Graureiher wandern von August an zu den Küsten von Mittelmeer oder Atlantik und manchmal bis nach Afrika. Im Februar beginnt der Rückzug und alle versammeln sich in ihren Kolonien.

Schielende Fischer
Graureiher können hervorragend sehen. Sie haben das, was vor ihnen, und auch, was seitlich von ihnen geschieht, sehr gut im Blick. Und sie können die Augen sehr stark in den Augenhöhlen drehen. Warum? Damit sie schielen können; das ist beim Fischen Trumpf!

Partnerlook
Männchen und Weibchen unterscheiden sich nur durch die Größe: Madame ist etwas kleiner. Bei den Jungreihern ist das Gefieder weniger kontrastreich; die schwarzen Schmuckfedern am Kopf sind kürzer, die Scheitelseiten sind grau.

Nicht ganz so mutig
35 cm Wassertiefe – weiter wagen sich Graureiher nicht ins Wasser. Wenn das Gewässer tiefer ist, kehren sie lieber zum Ufer zurück.

SCHNEEGLÖCKCHEN ODER MÄRZENBECHER?

Es ist noch Winter, aber zwei kleine, vorwitzige Blumen zeigen schon ihre Blütenspitzen. Mit ihren hübschen Glöckchen schmücken sie feuchte Wälder und Wiesen – ohne sich je zu begegnen. Hier sind ihre Steckbriefe:

DAS SCHNEEGLÖCKCHEN

GRÖSSE: 15–25 cm.
BLÜTEZEIT: Februar–März.

Wenn sie sich aus der Erde wagen, sind die Blütenknospen von Schneeglöckchen und Märzenbecher (oder auch Frühlings-Knotenblume) noch von einer «Kapuze» eingehüllt; diese besteht aus zwei verwachsenen Blättchen und schützt die zarte Blüte bei Schnee. Sobald sie sich öffnen, dienen die Blüten als willkommene Nektarquelle für die ersten ausgehungerten Insekten.

Die beiden Winterschönheiten werden am natürlichen Standort immer seltener und sind streng geschützt. Heute findet man sie öfter in Parks und Gärten. Sie gehören zur selben Familie wie Narzissen und Küchenzwiebeln und besitzen eine Zwiebel, die Nährstoffe speichert und den Winter unter der Erde übersteht. Vorsicht, diese beiden zarten Blumen sind giftig!

Die sehr ähnliche, aber größere Cousine des Märzenbechers ist die Sommer-Knotenblume; sie trägt bis zu 7 Blüten je Stängel und wächst in feuchten Wiesen und Sümpfen. Sie ist aber bei uns sehr selten.

DER MÄRZENBECHER

GRÖSSE: 15–40 cm.
BLÜTEZEIT: 2 Wochen nach dem Schneeglöckchen, März–April.

BILDNACHWEIS

E. Balança 122/123, 124o, 126u, 127; L. Ballesta 9o, 10u; N. Benvie/NATUREPL 58/59; C. Blaser 126o, 127u; C. Bornand 46u, 47o; S. Bugnon 34u, 76; J. Bas Casas/NHPA 21o; F. Cahez 9u, 78, 93u, 95o; P. Cairns/Blickwinkel 114, 119u; J. Chevallier 23; S. Deboffle/Naturimages 124u, 125; F. Desmettc 91; P. Engler 21u; F. Fève 61; J. Fieber/Blickwinkel 116/117; C. Fosserat 42, 94o; C. Girard 99; D. Green/RSPB Images 25; J. Gremaud 18, 73l; D. Greyo/Eresus-Nature 110; G. Hayoz 26, 27, 29, 30l, 32, 33, 48/49, 51u, 52–55, 82, 83, 131; F. Hecker/Blickwinkel 119o; J.-F. Hellio & N. Van Ingen 126M; J. Henchoz 40; S. Hette 2, 34o, 35o; D. Heuclin/NHPA 64o; P. Huguenin 24r; A. Juvonen 95u; J.-L. Klein & M.-L. Hubert/Biosphoto 79; C. König 44, 45u, 56, 57; R. Lammers/Blickwinkel 43; P. Lebeaux 75o; C. Le Pennec 115, M. Mach 104u, 105o, 107u; D. Magnin 60u, 63; S. Marcacci 14o+u, 15u; C. Marendaz 105u, 108, 109u; A. Margand 6u; C. Masson 51r; R. Masson 10ol; Meckes & Ottawa (Eye of Science) 102/103, 106/107, 107o, 109o; S. Meyers/Blickwinkel 118; D. Mertens 6o, 8/9, 10or, 11, 12/13, 70/71, 74; J.-C. Monney 28; V. Munier 7, 9M, 84, 87; T. Muukkonen 18/19; D. Nill 16/17, 20; J. Peltomäki UG (Milan); F. Renard 92u; B. Renevey 14M, 15o, 31, 41l, 45o, 98, 128, 129, 130; C. Ruoso/Biosphoto 62; C. Salin 73o, 77u; C. Salin/J. Gremaud 75ul; J. Salvi 24l; A. Scheurrer 66; I. Shpilenok 80/81, 85; C. Sidamon-Pesson 38/39; G. Soury 97r; H. Tobler 104o; P. Trecul 35u; R. Turban 72; J.-P. Vacher 88u, 89o; N. Van Ingen UG (Biber); M. Varesvuo 22, 96l, 111, 120, 121; A. & J. Visage 64M+u, 65; S. Vitzthum 30 ur, 75ur, 77o, 88o, 89u; M. Vust 46o, 47u; H. Weyrich 67; L. Willenegger 41r, 50, 51o, 60o, 90u, 92o, 93o, 94u, 96r, 97l; M. Zwick/NHPA/Photoshot 112/113.